W0258234

# Teubner Studienbücher

## Biologie

Clarke: **Humangenetik und Medizin**
144 Seiten. DM 18,80

Dzwillo: **Prinzipien der Evolution**
Phylogenetik und Systematik. 152 Seiten. DM 26,80

Françon: **Physik für Biologen, Chemiker und Geologen**
Band 1: 208 Seiten. DM 19,80
Band 2: 171 Seiten. DM 18,80

Lockwood: **Membranen tierischer Zellen**
124 Seiten. DM 17,80

Röhler: **Biologische Kybernetik**
Regelungsvorgänge in Organismen. 180 Seiten. DM 22,80

Ruthmann/Hauser: **Praktikum der Cytologie**
172 Seiten. DM 22,80

Schönbeck: **Pflanzenkrankheiten**
Einführung in die Phytopathologie. 184 Seiten. DM 24,80

Skrzipek: **Praktikum der Verhaltenskunde**
220 Seiten. DM 25,80

Vangerow: **Grundriß der Paläontologie**
132 Seiten. DM 19,80

Wynn: **Struktur und Funktion von Enzymen**
102 Seiten. DM 15,80

## Geographie

Bahrenberg/Giese: **Statistische Methoden und ihre Anwendung in der Geographie**
308 Seiten. DM 29,80

Born: **Geographie der ländlichen Siedlungen**
Band 1: Die Genese der Siedlungsformen in Mitteleuropa
228 Seiten. DM 26,80

Heinritz: **Zentralität und zentrale Orte**
Eine Einführung
179 Seiten. DM 25,80

Herrmann: **Einführung in die Hydrologie**
151 Seiten. DM 24,80

Müller: **Tiergeographie**
Struktur, Funktion, Geschichte und Indikatorbedeutung von Arealen
268 Seiten. DM 28,80

Müller-Hohenstein: **Die Landschaftsgürtel der Erde**
204 Seiten. DM 28,–

Fortsetzung auf der letzten Textseite

Teubner Studienbücher der Biologie

A. P. M. Lockwood
Membranen tierischer Zellen

# Teubner Studienbücher
# der Biologie

Herausgegeben von
Prof. Dr. H. Stieve, Jülich, und Dr. E. Hildebrand, Jülich

Die Studienbücher der Reihe Biologie sollen in Form einzelner Bausteine grundlegende und weiterführende Themen aus allen Gebieten der Biologie umfassen. Daneben werden auch die übrigen Naturwissenschaften in einem Maße berücksichtigt, wie sie für den Umgang mit den Denk- und Arbeitsmethoden der Biologie notwendig erscheinen. Die Bände der Reihe sind wegen ihrer studienbezogenen Konzeption besonders zum Gebrauch neben Vorlesungen oder auch anstelle von Vorlesungen sowie zur Fortbildung der Lehrer geeignet. Für den Studierenden der Mathematik, Physik oder Chemie, der an biologischen Problemen interessiert ist, bietet die Reihe die Möglichkeit, sich an exemplarisch ausgewählten Themengruppen in die Biologie einführen zu lassen.

# Membranen tierischer Zellen

Von Antony Peter Murray Lockwood, Ph. D.
Reader an der Universität Southampton

Aus dem Englischen übersetzt von
Dr. Brigitte Stieve und Tilman Stieve, Aachen

Mit 43 Abbildungen und 8 Tabellen

B. G. Teubner Stuttgart 1980

Antony Peter Murray Lockwood, Ph. D., F. I. Biol.

Geboren 1931. Von 1951 bis 1957 Studium am Trinity College, Cambridge.
Von 1957 bis 1962 Research Fellow am Trinity College, Cambridge. Von
1957 bis 1959 Assistant Lecturer am Department of Zoology der University of Edinburgh. Seit 1962 Lecturer, Senior Lecturer und Reader of
Southampton. Von 1969 bis 1973 Zoological Secretary der Society for
Experimental Biology. 1975 Fellow des Institute of Biology. Seit 1976
Hon. Secretary des Biological Council.

CIP-Kurztitelaufnahme der Deutschen Bibliothek

**Lockwood, Antony Peter Murray:**
Membranen tierischer Zellen / von Antony Peter
Murray Lockwood. Aus d. Engl. übers. von
Brigitte Stieve u. Tilman Stieve. — Stuttgart :
Teubner, 1980.
  (Teubner Studienbücher der Biologie)
  Einheitssacht.: The membranes of animal cells
  ⟨dt.⟩
  ISBN 978-3-519-03608-1     ISBN 978-3-322-91223-7 (eBook)
  DOI 10.1007/978-3-322-91223-7



Umschlaggestaltung: W. Koch, Sindelfingen

## Vorwort der Herausgeber

Ein Großteil der elementaren Lebensprozesse ist an Membranen
gebunden oder indirekt von ihrer Existenz abhängig. Die Plasmamembran grenzt die Zelle nach außen hin ab und verhindert den
freien Austausch von Substanzen. Sie ist Träger spezifischer
Transportsysteme, die einen kontrollierten passiven und aktiven
Stoffaustausch zwischen dem Zellinnern und der äußeren Umgebung sowie zwischen benachbarten Zellen ermöglichen. Sie trägt
dadurch wesentlich zur Homöostase im Zellinnern bei. Die Kontrolle des Ionentransports ist eine der Voraussetzungen für die
Erregbarkeit, über die eine Reihe spezialisierter Zelltypen
verfügt. Intrazelluläre Membransysteme dienen der Kompartimen-
tierung und gewährleisten so den gleichzeitigen ungestörten
Ablauf verschiedener Zellfunktionen. Zahlreiche Enzyme beziehungsweise Enzymkomplexe sind an solche Membranen gebunden.
Ihre Funktion ist nicht selten von der Integrität der angren-
zenden Membranstruktur abhängig.

Bei der Erforschung biologischer Membranen sind in der jüngsten
Vergangenheit bedeutende Fortschritte erzielt worden. Dies gilt
sowohl für die Aufklärung ihrer Struktur und ihrer biophysika-
lischen und biochemischen Eigenschaften als auch im Hinblick auf
das Verständnis ihrer Funktionen. Trotz ihrer Anpassung an di-
verse Funktionen scheinen Membranen nach einem einheitlichen
Muster aufgebaut zu sein. Dieses besteht aus einer Matrix in
Form einer Doppelschicht geordneter Lipidmoleküle und inte-
grierten beziehungsweise assoziierten Proteinen. Die Bilipid-
Grundstruktur muß zu den phylogenetisch ältesten Voraussetzungen des Lebens gerechnet werden. Das universale Vorkommen vieler
Membransysteme und die grundlegende Übereinstimmung ihrer Funktionen finden hierdurch eine Erklärung.

Das vorliegende Studienbuch befaßt sich ausschließlich mit den
Membranen tierischer Zellen. Dadurch werden so wichtige membran-
gebundene Funktionen wie die Photosynthese ausgeklammert. Dies

mag auf den ersten Blick als bedauerliche Beschränkung erscheinen. Berücksichtigt man jedoch, daß auch die Erregbarkeit
als Eigenschaft einer hochspezialisierten Plasmamembran nur äu-
ßerst knapp abgehandelt wird, so wird die Absicht des Autors
deutlich, sich auf die Darstellung der basalen Eigenschaften
tierischer Membranen zu konzentrieren und auf die Behandlung
spezieller Eigenschaften, die zudem in Lehrbüchern ausführlich
beschrieben sind, zu verzichten.

Das Bändchen ist in erster Linie gedacht zur Vertiefung der
Vorlesungen in Tierphysiologie oder als Ergänzung der Allgemeinen Biologie und Zoologie. In Zusammenhang mit Vorlesungen
oder Übungen zur Cytologie kann es als ergänzende Lektüre dienen. Schließlich sei es denen als Einführung empfohlen, die im
Verlauf des Biologiestudiums oder bei der Vorbereitung des Un-
terrichts in der Kollegstufe Höherer Schulen vor die Notwendig-
keit gestellt sind, sich näher mit Struktur und Funktionen tierischer Membranen zu befassen.

Die Übersetzung folgt der überarbeiteten zweiten Auflage des
englischen Originals. Kleinere Ergänzungen, wie zum Beispiel
die Maßstäbe an den elektronenmikroskopischen Abbildungen und
das Sachregister, sind von den Übersetzern hinzugefügt.

Jülich, im Frühjahr 1980                    H. Stieve und E. Hildebrand

## Vorwort des Verfassers zur 1. und 2. Auflage

Die Literatur über Membranen ist bereits sehr umfangreich und
für den Lernenden nicht ohne Mängel durch verschiedene Auffas-
sungen und unklare Terminologie. Hauptaufgabe dieses Büchleins
ist es daher, dem Anfänger eine Grundeinführung zu geben und
wenigstens einige der "wenn" und "aber" wegzulassen. Eine starke
Vereinfachung wird dabei für den Fachmann offensichtlich, aber
der Autor sieht sein Ziel erreicht, wenn die Studierenden den
Anreiz finden, sich mit weiterführender Literatur dieses Gebiets
zu beschäftigen.

Herrn Dr. F. S. Billet bin ich für das Lesen des Manuskripts und
für Hinweise auf verschiedene Irrtümer zu Dank verpflichtet.

Die Literatur zum Thema Membranen hat in den sieben Jahren seit
dem Erscheinen dieses Büchleins fast explosionsartig zugenommen.
Diese Intensivierung der Forschung ist einerseits zu begrüßen,
da sie die Bedeutung der Membranen für die verschiedenen Zellfunktionen bestätigt, andererseits wird für einen so zusammen-
fassenden Text wie den vorliegenden eine noch stärkere Auswahl
und Vereinfachung notwendig.

Southampton, 1978                                    A.P.M.L.

Inhalt

# 1 Einführung

Biologische Theorien bewegen sich nicht selten, wie Kleidermoden, vollständig im Kreis. Vor hundert Jahren behauptete der angesehene Histologe C. G. Ehrenberg, er könnte eine komplexe Serie innerer Organe in den Zellen von Protozoen nachweisen; aber seine Ideen wurden verlacht. Die letzten zwanzig Jahre haben jedoch gezeigt, daß er trotz seiner sehr extravaganten Ansichten zumindest darin Recht hatte, in Zellen eine hochorganisierte Innenstruktur zu vermuten, membranbegrenzte Vesikel mit ganz speziellen Funktionen.

Das Interesse an den intrazellulären Membranen ist sehr viel größer geworden seit der Erkenntnis, daß sie nicht nur eine passive Rolle durch das Abgrenzen von verschiedenen Zellbereichen spielen, sondern in ihrer Funktion alle Facetten der Zellaktivität umfassen. Die Vielfalt ihrer Stoffwechselerscheinungen und die Komplexität ihrer Struktur haben die Membranen zum "natürlichen Treffpunkt der Wissenschaften" gemacht, dem sich Elektronenmikroskopiker, Physikochemiker, Biochemiker und Biophysiker unter verschiedenen Aspekten nähern. Die Ergebnisse dieses konzertierten Forschens haben es offenkundig gemacht, daß die genaue Kenntnis der Struktur und Funktion der verschiedenen Membranen einen Weg eröffnen sowohl für das Verständnis, was Leben im molekularen Bereich ausmacht, als auch für die vitale und komplizierte Kontrolle von Zell- und Gewebsfunktionen, eine Kenntnis, die bei der Behandlung von Zellversagen und für Gewebstransplantationen Voraussetzung ist. Der Biologe, der das Studium der Membranen vernachlässigt, tut dies also auf eigene Gefahr.

Die ganze Vielfalt der verschiedenen Aufgaben von Membranen ist zwar erst seit kurzem bekannt. Es ist aber nicht vermessen, schon jetzt zu behaupten, daß das Untersuchungsobjekt Membranen für das Studium der Zellfunktion eine ebenso große Bedeutung haben wird, wie das Konzept der Evolution für die Biologie allgemein und die DNA für die Genetik.

Hunderte von chemischen Reaktionen und Transportprozessen laufen ständig in jeder aktiven Zelle ab. Membranen spielen eine wichtige Rolle bei der Kontrolle dieser Prozesse, bei der Trennung unverträglicher Substanzen voneinander und beim Materialtransport in der Zelle. Einige der komplizierten chemischen Vorgänge können offenbar beschleunigt werden, da die Enzyme so auf den Membranen angeordnet sind, daß die reagierenden Stoffe rasch von einem zum andern Enzym gelangen.

Intrazelluläre Membranen bilden Kompartimente und trennen Bestandteile der Zelle, die bei freier Mischung im Zytoplasma selbstzerstörerisch wirken würden, sie begrenzen und erhalten Regionen verschiedener Konzentrationen, regulieren den Durchgang anorganischer Ionen und Moleküle zwischen den Kompartimenten und liefern damit die Hauptvoraussetzungen für Hemmung, Regelung und Steuerung von Stoffwechselvorgängen, die erst das Leben ermöglichen.

## 2 Was und wo sind Membranen?

Die Einführung des Elektronenmikroskops hat das Wissen über intrazelluläre Membranen sehr erweitert. Vor dreißig Jahren erkannte man mit einiger Sicherheit als einzige Membransysteme die **Plasmamembran**, die das Zytoplasma an der Zellgrenze vom Außenmedium trennt, die **Kernmembran** als Barriere zwischen Kern- und Zellplasma und ein rätselhaftes System kleiner Bläschen, den

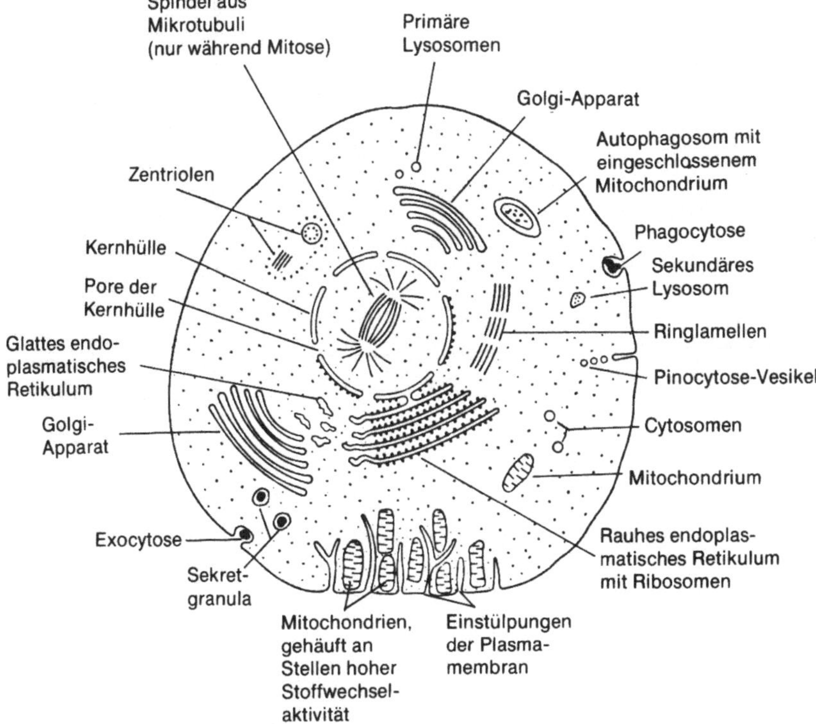


Abb. 2-1 Schematische Darstellung der wesentlichen Zellorganellen, die durch Membranen aufgebaut sind. Alle diese Strukturen kommen kaum gleichzeitig in Zellen vor.

<u>Golgi-Apparat</u>, über dessen Realität noch Streit herrschte. Verschiedene weitere Zelleinschlüsse, wie <u>Mitochondrien</u>, Vakuolen und Zellteilungsstrukturen, waren zwar bekannt, ihr Aufbau aus Membranen mußte aber erst noch bewiesen werden. Seither hat die Zahl intrazellulärer Organellen, deren membranöser Aufbau erkannt wurde, erheblich zugenommen. Die am häufigsten dargestellten Strukturen sind in Tabelle 1 zusammengefaßt und in Abb. 2-1 schematisch dargestellt. Wie sie im Elektronenmikroskop erscheinen, zeigen die Abbildungen 2-2 bis 2-4.

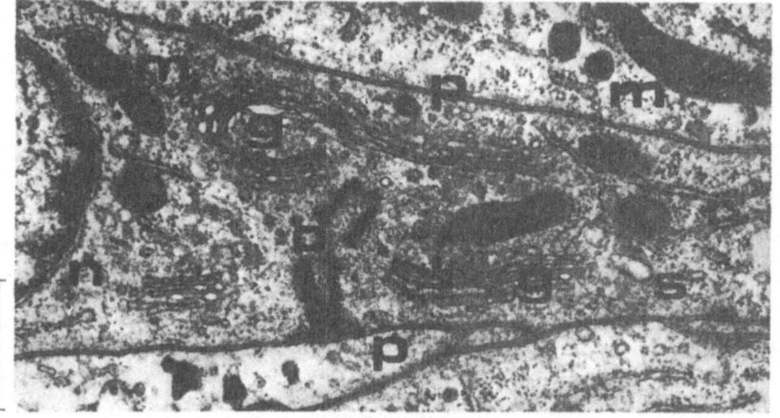

Abb. 2-2   Teil einer Parenchymzelle aus der Nebenschilddrüse
eines Vogels mit ihren wichtigsten Organellen.
c: Zentriolen; g: Golgi-Apparat; m: Mitochondrium;
n: Kernmembran; p: Plasmamembran; r: rauhes endoplasmatisches Retikulum; s: glattes endoplasmatisches Retikulum. Maßstab: 1μm. (Mit freundlicher Genehmigung
von R.P. G o u l d .)

Nicht jede Zellart enthält alle Organellen, die in Tabelle 1 aufgeführt sind, wie auch ihre Größe und Anzahl in den verschiedenen Geweben stark variieren. So ist das endoplasmatische Retikulum besonders kräftig in Zellen ausgebildet, die Protein herstellen und ausscheiden, wie z. B. im Pankreas. Makrophagen, die Materialpartikel verdauen, besitzen dafür gut entwickelte Lysosomen.

Tabelle 1    Zellorganellen und ihre Grundfunktionen

---

| Plasmamembran | Diffusionsbarriere, Natriumpumpe, elektrische Erregbarkeit, Endo-, Exocytose, Glykokalyx. Wichtigste Enzyme: $Na^+, K^+, Mg^{++}$-aktivierte ATPase, Glukose-6-phosphatase, Permease. |
|---|---|
| Rauhes endopl. Retikulum | Proteinsynthese |
| Glattes endopl. Retikulum | Synthese von Triglyzeriden, Phospholipiden, Steroiden, Membranneubildung, Stofftransport vom RER zum Golgi-Apparat, Glukose-6-phosphatase |
| Golgi-Apparat | Vesikel und Zisternen zur Kopplung, Speicherung und Konzentrierung verschiedener Stoffe, Enzyme usw. Sekretions- und Regenerationsseite |
| Mikrosomen | Bruchstücke von Membranen des ER oder Golgi-Apparats. Artefakt, Homogenisationsfraktion |
| Lysosomen | Vesikel mit lytischen Enzymen, sauren Phosphatasen usw. Verdauung zelleigenen und durch Phago- oder Pinocytose aufgenommenen Materials |
| Phagosomen | Durch Invagination der Plasmamembran entstandene Vesikel mit Partikeln aus dem Außenmedium |
| Pinocytose-Vesikel | Winzige Bläschen, durch Plasmamembran gebildet, die membranadsorbierte Stoffe enthalten |
| Gekammerte Vesikel | Mehrkammrige Vesikel mit glatten Membranen, Lysosomengruppe |
| Cytosomen | Durch Membranfluß entstandene Vesikel mit (kristallinen) Enzymen, z.B. Katalase, Urikase |
| Mitochondrien | Mit Doppelmembran, semiautonom. Liefern das meiste in der Zelle produzierte ATP |
| Kernmembran | Doppelmembran mit Poren, Diffusionsbarriere zwischen Zell- und Kernplasma |
| Ringlamellen | Vor allem in Eizellen, Funktion unbekannt |
| Ribosomen | Nichtmembranöse Körper aus RNA und Eiweiß. Proteinsynthese (s. RER) |
| Mikrotubuli | Feine röhrenförmige Strukturen für Zytoskelett und Bewegungsprozesse von Zelle und Plasma |

| | |
|---|---|
| Mikrofibrillen | Meist kontraktile Filamente, beteiligt an Plasmabewegung, Furchenbildung bei der Zellteilung. Tonofibrillen der Desmosomen |
| Zentriolen | Paar zylindrischer Körper mit 11 parallelen Fibrillen. Bilden Mitosespindel, Selbstverdopplung (?) |
| Basalkörper | Zentriolenähnliche Struktur, Basis von Zilien und Geißeln |

---

In Leberzellen sind Pinocytosebläschen zahlreich, für Eizellen sind Ringlamellen charakteristisch. Golgivesikel treten vermehrt in Speichergewebe auf und Mitochondrien sind konzentriert in Zellregionen mit erhöhtem Energieverbrauch.

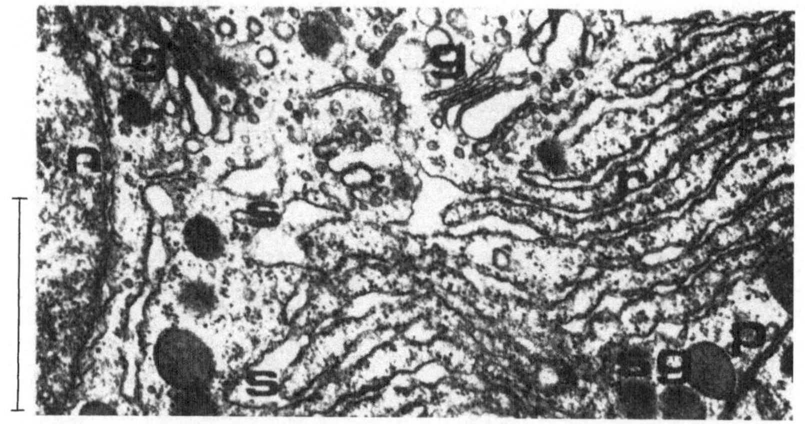

Abb. 2-3  Teil einer Zelle aus dem Hypophysenvorderlappen einer Ratte. g: Golgi-Apparat; n: Kernmembran; p: Plasmamembran; r: rauhes endoplasmatisches Retikulum; s: glattes endoplasmatisches Retikulum; sg: Sekretgranulum. Maßstab: 1µ. (Mit Genehmigung von R.P. G o u l d .)

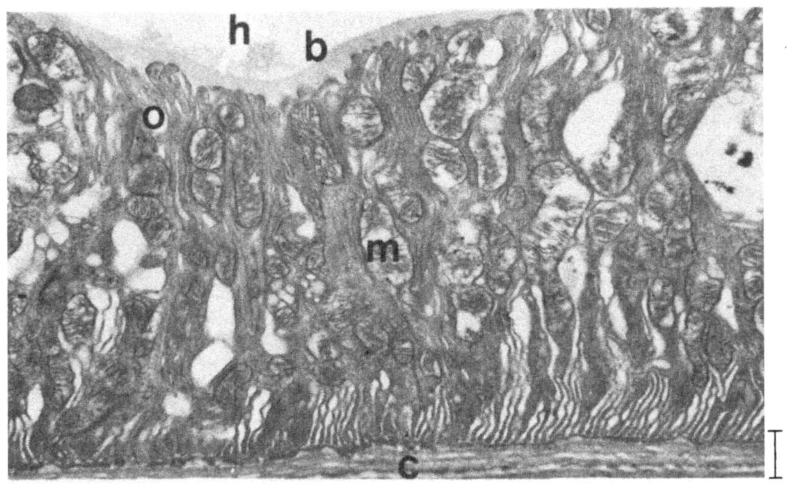

Abb. 2-4  Teil einer Epithelzelle aus der Kieme von G a m m a - r u s  d u e b e n i (Amphipoda) mit den für ionentransportierende Zellen charakteristischen Einstülpungen der apikalen Plasmamembran. b: Basalmembran; c: Kutikula der Kiemenaußenfläche; h: Hämolymphe;(Blut); m: Mitochondrium; o: Membraneinstülpung. Maßstab: 1μ.

Eine der Hauptfunktionen von Membranen ist es, Oberflächen für die Anlagerung von Enzymen bereitzustellen. Wie groß die Fläche sein kann, die für diesen Zweck verfügbar wird, geht aus Tabelle 2 hervor, in der Volumen und Fläche der größeren Organellen einer Leberzelle in Schätzungen angegeben sind. Um eine Vorstellung dieser Zahlen zu gewinnen, sollte man wissen, daß Leberzellen, die in einem Würfel mit 100mm Kantenlänge Platz finden, also einem Drittel der menschlichen Leber entsprechen, über 9 000 $m^2$ endoplasmatisches Retikulum enthalten. Dies ist ungefähr die Fläche von 32 Tennisplätzen.

Tabelle 2   Organellen einer einzelnen Leberzelle der Ratte.
(Aus  W e i n e r ,  L o u d ,  K i m b e r g  and
S p i r o , 1968. Cell. Biol. <u>37</u>.)

---

Volumen ( um$^3$ )

| | |
|---|---:|
| Gesamtplasma der Zelle | 5 100 |
| Mitochondrien (Gesamtzahl) | 995 |
| Lysosomen (Gesamtzahl) | 10 |

Membranfläche ( um$^2$ )

| | |
|---|---:|
| Glattes endoplasmatisches Retikulum | 17 000 |
| Rauhes endoplasmatisches Retikulum | 30 400 |
| Mitochondrien (Außenmembran) | 7 470 |
| Mitochondrien (Innenmembran) | 39 600 |

Gesamtzahl der Mitochondrien: 1 160

---

# 3    Zusammensetzung und Struktur von Membranen

## 3.1    Struktur

Jeder, der das zweifelhafte Vergnügen gehabt hat, nach einem
sonntäglichen Mittagessen die fettigen Teller abzuwaschen, wird
zwei Tatsachen kennen, nämlich daß Fleisch Fette enthält und daß
sich Fett nicht ohne weiteres mit Wasser, besonders mit kaltem,
mischt. Diese fehlende Mischbarkeit von Lipiden und Wasser kommt
vielen zellulären und intrazellulären Membranen zugute, die ihre
geringe Durchlässigkeit für wasserlösliche Stoffe einem hohen
Aufbauanteil von Lipiden verdanken.

Isolierte Plasmamembranen roter Blutkörperchen und anderer Zellen enthalten ungefähr 40% Lipide, 0-10% Kohlenhydrate und 50
bis 60% Proteine. Auf welche Weise die relative Undurchlässig-
keit von Zellmembranen von ihrem Lipidgehalt abhängt, kann die
Betrachtung der molekularen Vorgänge beim Reagieren von Lipiden
mit Wasser erklären. Fettsäuren, also Verbindungen der allgemeinen Struktur $[CH_3(CH_2)_n COOH]$ haben eine hydrophile Endgruppe
(-COOH) mit ausgeprägter Polarität und eine unpolare, stark hydrophobe Gruppe ($CH_3-$) am andern Ende der Kohlenwasserstoffkette
(s. S. 23). Bei Lagerung an einer Luft-Wasser-Grenze neigen deshalb Fettsäuremoleküle dazu, sich in einer einfachen Molekül-
schicht so nebeneinander anzuordnen, daß die polaren Gruppen in
Kontakt mit dem Wasser stehen und die unpolaren Kohlenwasserstoffketten in die Luft ragen. Sind gerade genügend Fettsäuremoleküle vorhanden, um die Wasseroberfläche zu bedecken, so entsteht eine dichtgepackte Schicht von Molekülen (Abb. 3-1a), die
in hohem Grade undurchlässig für hydrophile Substanzen ist.*

---

*Diese Eigenschaft wird genutzt, um in den Wasserreservoirs war-
mer Länder die Verdunstungsmenge herabzusetzen. So konnte ver-
suchsweise auf den Umberumberka-See in Australien ein Monolayer
aus Cetylalkohol gebreitet werden, der den Wasserverlust durch
Verdunstung auf die Hälfte reduzierte.

Wenn mehr Moleküle vorhanden sind, als für die Bildung einer
Schicht benötigt werden, so entsteht eine Doppellamelle von Lipidmolekülen, in der die Kohlenwasserstoffketten den Kern einer
durch die hydrophilen Gruppen begrenzten Membran bilden (Abb.
3-1b).

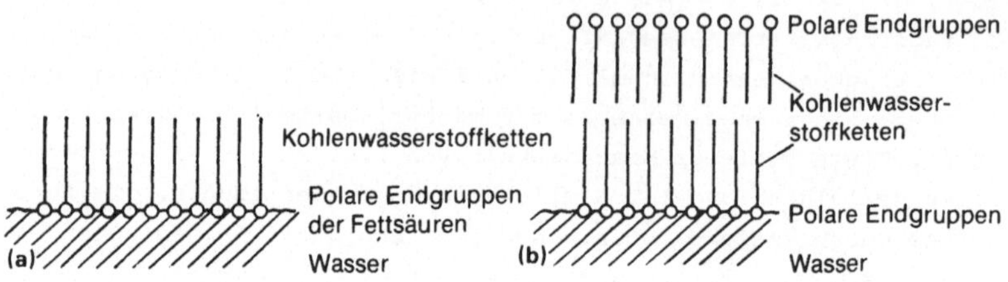


Abb. 3-1   Wechselwirkung zwischen Lipidmolekülen und Wasser.
           (a) Dichtgepackte Moleküle ordnen sich an einer Luft-
           Wasser-Grenzfläche so an, daß die polaren (hydrophilen)
           Gruppen das Wasser berühren und die apolaren (hydro-
           phoben) Kohlenwasserstoffketten in die Luft ragen.
           (b) Eine Lipiddoppelschicht (doublet) entsteht, wenn
           mehr Moleküle vorhanden sind, als in einer Schicht
           Platz finden.

Frühere Messungen der Lipidmenge in den Membranen roter Blutkörperchen zeigen, daß gerade genug Lipid vorhanden ist, um die
Zelloberfläche mit einem solchen bimolekularen Film zu bedecken.
Andere Messungen ergaben allerdings für die Oberflächenspannung
der Zellmembranen einen niedrigeren Wert, als er für eine reine
Lipidschicht zu erwarten gewesen wäre. Daher wurde zunächst angenommen, Zellmembranen bestünden aus einer Doppelschicht (Bilayer)
von Lipiden, die auf beiden Außenflächen von Proteinen überzogen
ist (Abb. 3-2). Diese Hypothese nach  D a v s o n  und  D a -
n i e l l i  war zunächst sehr überzeugend, da sie eine Reihe
von Membraneigenschaften erklärte, so unter anderem die Anwesenheit von Lipid und Protein und die Tatsache, daß vorzugsweise
fettlösliche Substanzen die Membranen penetrieren, aber auch die
Befunde elektronenmikroskopischer Bilder. Untersuchungen der

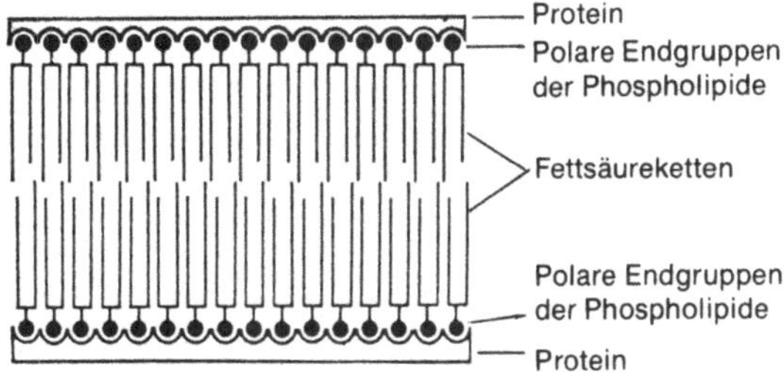


Abb. 3-2  Modell der molekularen Anordnung in einer "Einheits-
          membran". Zu beiden Seiten eines bimolekularen Lipid-
          films befinden sich Schichten von Proteinen, die mit
          den polaren Endgruppen der Phospholipide reagieren.


letzten Jahre bestätigten zwar weiterhin die Grundvorstellung
von der Elementarmembran ("Einheitsmembran"), die auf der Struktur eines bimolekularen Lipidfilms basiert; in Bezug auf die Lokalisierung der Proteine muß das ursprüngliche D a v s o n  -
D a n i e l l i  - Modell jedoch korrigiert werden. So sind zumindest in den Membranen von Erythrocyten (roten Blutkörperchen)
Proteine keinesfalls nur auf die Oberfläche beschränkt, vielmehr
werden sie in die gesamte Membran eingelagert, manchmal derart,
daß sie auf beiden Seiten herausragen (Abb. 3-3). Die Richtig-
keit dieser Annahme mögen folgende Beobachtungen bestätigen:

1)  Membranproteine haben im wesentlichen globuläre Gestalt.
    Bei nur oberflächlicher Lagerung wäre eher eine flächige
    Struktur zu erwarten.

2)  Einige Proteinmoleküle können von beiden Seiten der Membran
    her markiert oder durch Enzyme angegriffen werden. Proteine,
    die man ausschließlich auf einer Seite der Membran vermutet,
    könnten auch nur von einer Seite her markiert werden.

3)  Globuläre Strukturen von ähnlichen Dimensionen wie Membran-
    proteine werden in Lücken der Lipiddoppelschicht sichtbar,

nachdem Membranen gefroren und in der Horizontalebene ge-
brochen wurden (Gefrierbruch).

Es gibt keinerlei Anhaltspunkt dafür, daß Proteine in die Membran eingelagert sind, ohne doch zu einem gewissen Grad aus einer der Oberflächen herauszuragen.

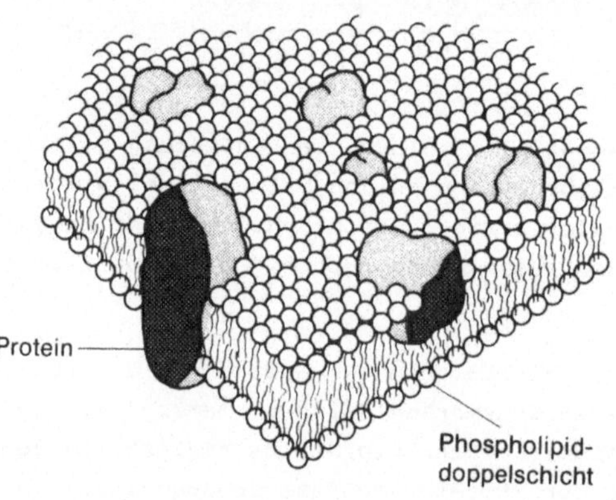


Abb. 3-3   Gegenwärtige Modellvorstellung der Plasmamembran als
           Lipid-Globulin-Mosaik. Die Lipidmoleküle sind als leere
           Kreise gezeichnet, ihre Kohlenwasserstoffketten ragen
           in den Membrankern; die Proteine sind als massige Ge-
           bilde in die Membran eingelagert oder reichen voll-
           ständig durch sie hindurch. Obere Fläche: die dem Zy-
           toplasma zugekehrte Seite der Membran. Die Kohlenhy-
           dratanteile der Glykoproteide, die aus der äußeren
           Oberfläche herausragen, sind nicht zu sehen. (Nach
           S i n g e r and  N i c h o l s o n, 1972. Science <u>175</u>.)

Befunde, daß einige Proteine fest an Lipide gebunden sind und
bestimmte Enzyme, unter anderem auch Glukose-6-phosphatase und
$Na^+,K^+,Mg^{++}$-aktivierte ATPase, bei Abwesenheit von Lipiden un-
wirksam sind, weisen ebenfalls auf die Proteine als wesentliche
Bauelemente der Membran hin.

Membranen sollten nicht als starre, statische Strukturen angesehen werden. Die Gesamtviskosität ist, wie N i c h o l s o n aufzeigte, mit der von leichtem Maschinenöl zu vergleichen, die Gesamtkonsistenz ist eher flüssig. Die Beweglichkeit der Moleküle in der Membranebene ist beachtlich; doch eine Trennung der beiden Lipidschichten scheint insofern zu bestehen, als ein "flip-flop"-Austausch von Molekülen zwischen den beiden Lamellen relativ selten ist, ganz im Gegensatz zu Lageveränderungen innerhalb einer Lipidlamelle. Die Fähigkeit der Moleküle, sich seitwärts zu verlagern oder ihre Verbindungen zueinander zu verändern, ermöglicht es, in den Membranen jederzeit und an verschiedenen Stellen Mosaike unterschiedlicher Struktur und Funktion aufzubauen. Solche differenzierten Molekülverbände bilden bestimmte spezialisierte "Domänen" in der Membran; die Vielfalt der beteiligten Moleküle bestimmt also sowohl Struktur als auch Funktion der Membran.

## 3.2  Chemische Zusammensetzung

Lipide und Proteine sind nahezu für den gesamten Aufbau von Membranen zuständig, beide Grundbausteine kommen aber in einer großen Vielfalt von Formen vor.

### 3.2.1  Lipide

Die Lipide lebender Organismen können in zwei Hauptgruppen eingeteilt werden:

1)  Einfache Lipide,
2)  zusammengesetzte Lipide.

Einfache Lipide (Neutralfette) bestehen aus Glyzerin und Fettsäuren und besitzen folgende Strukturformel:

$$
\begin{array}{ll}
\mathrm{CH_2OH} & \mathrm{CH_2O{-}R_1} \\
\mathrm{CHOH} & \mathrm{CHO{-}R_2} \\
\mathrm{CH_2OH} & \mathrm{CH_2O{-}R_3} \\[4pt]
\text{Glyzerin} & \text{Triglyzerid (einfaches Lipid)}
\end{array}
$$

wobei $R_1$, $R_2$, und $R_3$ Fettsäuren darstellen.

Einfache Lipide haben vor allem Bedeutung als Speicherfette. Sie sind normalerweise kaum Bestandteil von Zellmembranen; obwohl man sie in Plasmamembranen von Muskelzellen finden kann.

Die Fettsäuren der einfachen und der zusammengesetzten Lipide besitzen Ketten ganz unterschiedlicher Länge. Die drei häufigsten Fettsäuren sind Palmitin-, Stearin- und Ölsäure.

$$\text{Palmitinsäure} \quad CH_3(CH_2)_{14}COOH$$

$$\text{Stearinsäure} \quad CH_3(CH_2)_{16}COOH$$

$$\text{Ölsäure} \quad CH_3(CH_2)_7CH=CH(CH_2)_7COOH$$

Fettsäuren, die wie Ölsäure Doppelbindungen enthalten, werden als "ungesättigte" bezeichnet, solche ohne Doppelbindungen, wie Palmitin- und Stearinsäure, sind "gesättigte" Fettsäuren.

Zusammengesetzte Lipide (Lipoide, Strukturlipide) sind komplexer gebaut als die einfachen Lipide und sie können neben Fettsäuren einen mehrwertigen Alkohol und stickstoffhaltige Basen enthalten. Steroide werden gewöhnlich mit zu diesen Verbindungen gerechnet; obwohl sie keine Fettsäuren besitzen. Die drei wichtigsten Gruppen der zusammengesetzten Lipide sind (1) Glyzerinphosphatide, (2) Sphingolipide und (3) Steroide.

(1) <u>Glyzerinphosphatide</u> (Phospholipide) bilden eine Gruppe von Lipoiden, bei der eine Fettsäure des einfachen Lipids ersetzt ist. Verschiedene Formen treten in Membranen auf (Membranlipide):

   a) Phosphatidylcholin (Cholinphosphatid, Lecithin), zusammengesetzt aus Glyzerin, zwei Fettsäuren, Phosphat und Cholin.
   b) Phosphatidyläthanolamin (Kolaminphosphatid) aus Glyzerin, zwei Fettsäuren, Phosphat und Kolamin.
   c) Phosphatidylserin (Phosphoproteid, Aminosäurelipid) aus Glyzerin, zwei Fettsäuren, Phosphat und Serin.
   d) Phosphatidylinositol, zusammengesetzt aus Glyzerin, zwei Fettsäuren, Phosphat und Meso-Inosit.

Manchmal werden die drei letzten Gruppen als <u>Kephaline</u> bezeichnet; obwohl dieser Begriff eigentlich den Gruppen b) und c) vorbehalten ist.

Da lipidgebundene Aminogruppen auf der äußeren Oberfläche von
Membranen praktisch fehlen, scheint Cholinphosphatid (Lecithin)
das vorherrschende Membranlipid der äußeren Lamelle des Bilayers
zu sein, während die Aminosäurelipide (Kephaline) hauptsächlich
in der inneren Schicht vorkommen. Glykolipide (statt Phosphor-
säureestern Glykoside) sind vermutlich nur auf die äußere Schicht
beschränkt.

Die Aminosäurelipide sind gewöhnlich in etwas geringerer Konzentration vorhanden als die Glykolipide und Lecithin zusammenge-
nommen. Dies steht im Einklang mit der oben angenommenen Verteilung, die erwarten läßt, daß die innere Schicht des Bilayers weniger Lipide enthält als die äußere, da sie die assoziierten
Proteine aufnimmt (vgl. Abb. 3-3).

In Membranen findet sich oft ein kleiner Anteil von Stoffen, die
zwar mit den vier oben beschriebenen Verbindungen vergleichbar
sind, aber Aldehydreaktionen zeigen. Sie sind entsprechend als
Phosphatidalcholin, -kolamin, -serin und -inositol bekannt
(Plasmalogene).

Ein komplizierter gebautes Glyzerinphosphatid, Cardiolipin, das
aus Rinderherzen isoliert wurde und in Bakterien vorkommt, besteht aus zwei Molekülen Glyzerin, vier Fettsäuren und zwei
Phosphatgruppen.

(2) <u>Sphingolipide</u> enthalten im Gegensatz zu den Glyzerinphos-
    phatiden kein Glyzerin, an seiner Stelle steht der Amino-
    alkohol Sphingosin. Die beiden wichtigen Verbindungen die-
    ser Gruppe sind:

    a) Sphingomyelin, aus Sphingosin, einer Fettsäure, Phosphat
       und Cholin.

b) Cerebrosid (z.B. Cerasin) aus Sphingosin, einer Fettsäure
   und Galaktose.


(3) <u>Cholesterin</u>. Dieses <u>Steroid</u> ist Hauptbestandteil von Plasmamembranen und kaum in intrazellulären Membranen zu finden. Das
meiste Cholesterin der Plasmamembranen wird zudem in der äußeren Lamelle vermutet.

Die ungefähre sterische Struktur der zusammengesetzten Lipide
ist in Abb. 3-4 dargestellt. Es fällt auf, daß mit Ausnahme von
Cardiolipin und Cholesterin in allen Lipoiden lange, hydrophobe
Kohlenwasserstoffketten in entgegengesetzter Richtung zu den
polaren (hydrophilen) Endgruppen stehen.

Auch Sialinsäure, Phosphatidsäure und anorganische Ionen, vor
allem Calcium, sind als Bauelemente in Membranen vertreten; im
Vergleich zu Lipiden und Proteinen treten sie jedoch in ver-
schwindend geringen Mengen auf.

Zusammengesetzte Lipide sind zwar am Aufbau sämtlicher zellulärer Membranen beteiligt, ihre Anteile in den verschiedenen Geweben und Membransystemen, ja unter verschiedenen äußeren Bedingungen sogar innerhalb derselben Plasmamembran, sind jedoch niemals konstant. Diese Variabilität bedingt die Spezialisierung
von Membranen sowie die spezifische Viskosität als Voraussetzung
für eine normale Funktion.

Die Beweglichkeit von Lipidmolekülen hängt graduell davon ab, ob
ihre <u>Phasenübergangstemperatur</u> (also der Schmelzpunkt) höher
oder tiefer als die der Umgebung liegt. Die Phasenübergangstem-
peratur wird durch Kettenlänge und Sättigungsgrad der Lipidmoleküle bestimmt. Je kürzer und je stärker ungesättigt die Kette
ist, desto niedriger liegt der Schmelzpunkt. Zusätzlich kann Cholesterin den Phasenübergang beeinflussen. Es verwischt die Trennung von fester ("gefrorener") und flüssiger ("geschmolzener")
Phase, da es die Beweglichkeit der Moleküle in der flüssigen
Phase herabsetzt und in der festen erhöht. Der richtige Mobili-
tätsgrad ist Voraussetzung für das normale Funktionieren von

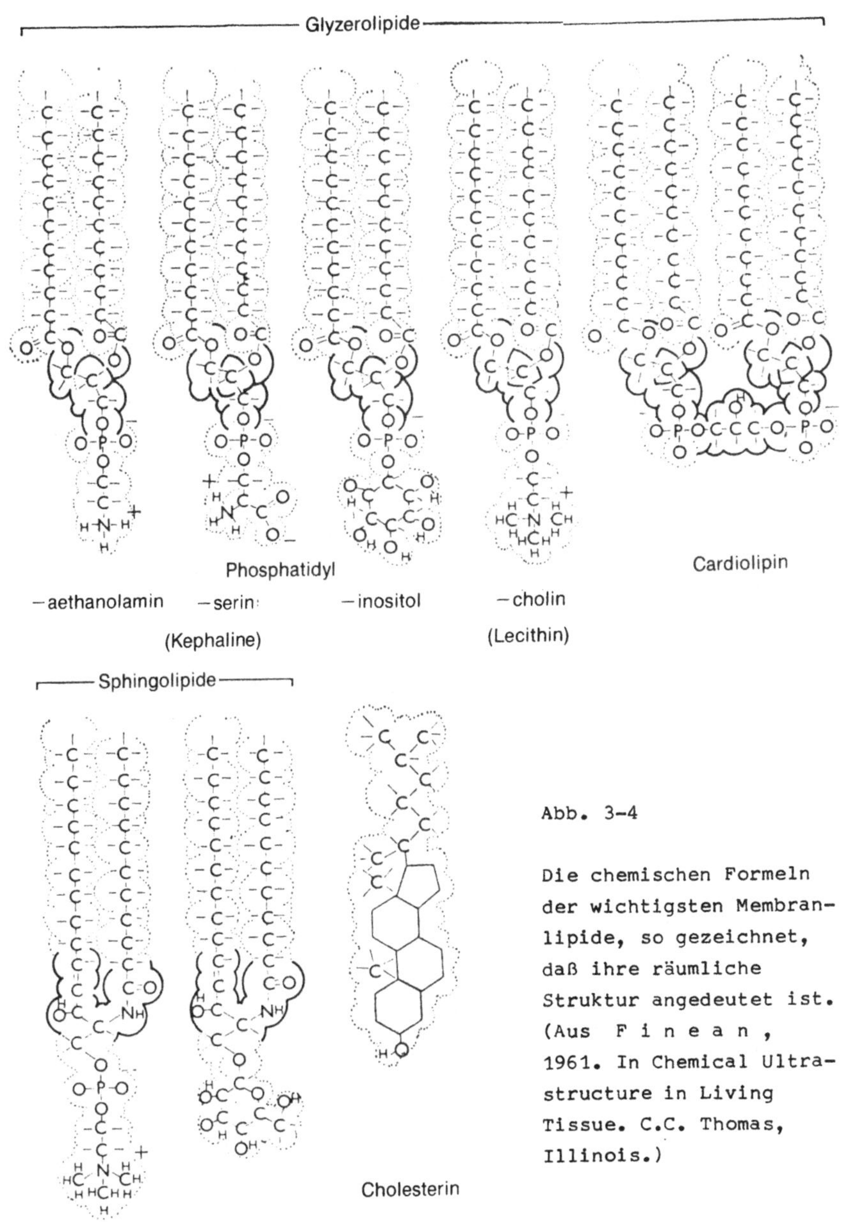


Abb. 3-4

Die chemischen Formeln der wichtigsten Membranlipide, so gezeichnet, daß ihre räumliche Struktur angedeutet ist. (Aus F i n e a n , 1961. In Chemical Ultrastructure in Living Tissue. C.C. Thomas, Illinois.)

Membranen. Diät- und Temperaturversuche geben Hinweis auf eine
dynamische Regelung dieser Membraneigenschaft. So kann eine ein-
seitige Fetternährung zwar eine Veränderung der Lipidzusammensetzung zur Folge haben, gleichzeitig wird aber das Verhältnis
zwischen gesättigten und ungesättigten Fettsäuren erhalten, daß
überall eine annähernd konstante Viskosität gewährleistet bleibt.
Auf ähnliche Weise können Temperaturänderungen Anpassungen innerhalb der Membranen bewirken. Setzt man bei 28°C kultivierte
T e t r a h y m e n a (Protozoen) plötzlich einer Temperatur
von 10°C aus, so geliert (also "gefriert") die Plasmamembran
bis zu einem gewissen Grad. Aber schon nach 24 Stunden haben
Veränderungen der Membranzusammensetzung eine Erniedrigung des
Gefrierpunkts bewirkt und damit den flüssigen Zustand der Membran wiederhergestellt.

Trotz solcher Kontrollmechanismen für eine durchschnittliche
Viskosität kann die Absonderung spezifischer Lipide innerhalb
der Membran dazu führen, daß Zonen mit über- oder unterdurch-
schnittlicher Mobilität der Moleküle entstehen. Die beachtliche
Vielfalt in der Zusammensetzung der verschiedenen Membranen bestätigt nicht nur die Annahme, daß am Aufbau zahlreiche verschiedene Moleküle beteiligt sind, sondern auch, daß diese Unterschiede direkt mit der Membranfunktion zusammenhängen. Myelin (der
Nervenscheiden), Plasmamembranen der Erythrocyten und Membranen
von Chloroplasten und Mitochondrien sollen solche Unterschiede
in Beziehung zum Gehalt an Phospholipiden und Sphingolipiden
veranschaulichen. Der Gehalt an Phospholipiden ist hoch in Membranen von Mitochondrien (über 75% der gesamten Lipidmenge), er
ist geringer in Myelin und der Plasmamembran von Erythrocyten-
ghosts (ungefähr 33% der Lipide) und noch niedriger in Membranen
von Chloroplasten (12%). Sphingolipide kommen vermehrt (25%) in
Myelin, vermindert (15%) in Erythrocyten-ghosts und kaum in Mitochondrien vor. Welche Rolle Phospholipide und Sphingolipide
in den Membranen von Erythrocyten-ghosts spielen, illustriert
Tabelle 3.

In verschiedenen Membranen variiert aber nicht nur der Gesamtge-
halt der Phospholipide, sondern auch der Anteil der verschiedenen Fettsäuren. Lipide der Myelinscheiden sind reich an gesättig-

Tabelle 3    Unterschiede der relativen Anteile zusammengesetzter
             Lipide in Erythrocyten-ghosts bei verschiedenen Säu-
             gerarten. (Aus  D i t t m e r , 1962. Auszug Tafel
             IX in Comp. Biochem. III.)

| | Werte in % des Gesamtlipids | | |
| Erythrocyten-ghosts von | Mensch | Pferd | Schwein |
| --- | --- | --- | --- |
| Phosphatidylcholin | 29.2 | 36.4 | 24.8 |
| Phosphatidyläthanolamin | 14.4 | 6.8 | 26.4 |
| Phosphatidylserin | 11.7 | 8.8 | 16.6 |
| Sphingomyelin | 17.6 | 27.8 | 14.0 |

ten Fettsäuren mit langen Ketten, vermischt mit solchen mittlerer Länge. In Membranen roter Blutkörperchen findet sich eine
große Zahl ungesättigter Fettsäuren mittlerer Kettenlänge; auch
Mitochondrien enthalten besonders reichlich ungesättigte Fettsäuren. In Versuchen mit zerrissenen Mitochondrienmembranen
konnte wiederum der Zusammenhang zwischen Feinbau und Funktion,
in diesem Fall besonderer spezialisierter Abschnitte, aufgezeigt
werden. Nur wenn Kolaminphosphatid und Lecithin im richtigen
Mengenverhältnis vorhanden sind, kann die beschädigte Innenmem-
bran der Mitochondrien repariert werden und die oxidative Phosphorylierung erfolgreich wieder in Gang gebracht werden.

Nicht nur die Membranen verschiedener Gewebe unterscheiden sich
in ihrer Zusammensetzung, einander entsprechende Membranen variieren auch von Art zu Art. Vergleichende Untersuchungen einer
Tierreihe (Ratte-Mensch-Kaninchen-Schwein-Pferd-Rind-Schaf) ergaben deutliche Unterschiede der Membranzusammensetzung bei roten Blutkörperchen (Tabelle 4). Der Gehalt an Ölsäure nimmt
fortlaufend zu, vor allem auf Kosten der Palmitinsäure. Hand in
Hand mit diesen Verschiebungen gehen Veränderungen der physiologischen Eigenschaften. Die Durchlässigkeit für Harnstoff,

Tabelle 4  Fettsäuregehalt roter Blutkörperchen bei verschie-
denen Säugerarten (in Mol%). (Aus  K o g l ,  G i e r,
M u l d e r  und  V a n  D e e n e n , 1960. Biochim.
Biophys.Acta <u>43</u>.)

|                | Ratte | Mensch | Kanin | Schwein | Pferd | Rind | Schaf |
|----------------|-------|--------|-------|---------|-------|------|-------|
| Palmitinsäure  | 44    | 37     | 36    | 30      | 21    | 13   | 12    |
| Stearinsäure   | 22    | 15     | 11    | 14      | 14    | 14   | 7     |
| Ölsäure        | 18    | 26     | 25    | 35      | 30    | 52   | 61    |
| Linolsäure     | 15    | 17     | 23    | 17      | 29    | 15   | 10    |

Thioharnstoff und Glyzerin nimmt in der oben genannten Tierreihe
in gleichem Maße ab, wie der Gehalt an Ölsäure ansteigt.

Auch für die zusammengesetzten Lipide lassen sich interessante
Artunterschiede feststellen (Tabelle 5). So besteht ein deutli-
cher Zusammenhang zwischen den Anteilen verschiedener Phospholipide in Membranen und der Empfindlichkeit gegen Schlangenbiß.

Tabelle 5  Phospholipide (Prozent Phospholipidphosphat) in Ery-
throcytenmembranen verschiedener Tierarten.
(Aus  D i t t m e r , 1962. Comp. Biochem. III.)

|        | Lezithin | Kephalin | Sphingomyelin |
|--------|----------|----------|---------------|
| Mensch | 29,2     | 14,4     | 17,6          |
| Ziege  | 9,8      | 6,8      | 34,4          |
| Schaf  | 7,7      | 5,4      | 42,5          |

Das Gift vieler Schlangen, besonders von Kobras, Klapperschlangen
und Kraits (B u n g a r u s - Arten) ist besonders wirkungsvoll,
da es Phospholipase A enthält. Dieses Enzym spaltet von Lecithin
und Kephalin Fettsäuren ab und führt durch Schädigung der Plasmamembran zur Auflösung von Zellen, vor allem roten Blutkörperchen.
Sphingomyelin dagegen wird von Phospholipase A nicht angegriffen,
und Zellen, die einen  hohen Anteil dieses Lipids in ihren Plasmamembranen enthalten, werden dementsprechend bei niedrigerer
Enzymkonzentration nicht so leicht aufgelöst wie Zellen mit hohem Lecithingehalt. Dieses nun könnte erklären, warum Schafe und
Ziegen weniger empfindlich gegen Schlangenbiß sind.

Es ist unterhaltlich zu spekulieren, ob der hohe Gehalt an Sphingomyelin und der niedrige an Lecithin, wie er in den Zellmembranen von Schafen und Ziegen gefunden wird, tatsächlich eine Folge
natürlicher Auslese durch Schlangenbisse sein könnte. Immerhin
sind ja diese Huftiere durch ihre Lebensweise dieser Gefahr auch
stärker ausgesetzt als viele andere Säugetiere.

Phospholipase A findet sich auch in einer Vielzahl anderer Toxine,
die durch Stiche von Wespen, Bienen und Skorpionen oder durch den
Biß einiger Spinnen in den Körper gelangen. Phospholipase C ist
das wesentliche Toxin von C l o s t r i d i u m  w e l c h i i ,
einem Bakterium, das alle Formen von Gasbrand hervorruft. Auch
bei dieser Krankheit kommt es zur Zellauflösung.

Das Steroid Cholesterin stellt im allgemeinen einen großen Teil
(ungefähr 35%) der Lipidfraktion von Plasmamembranen dar. Es
bildet nur einen kleinen Anteil am Aufbau intrazellulärer Membranen und fehlt vollständig in den Innenmembranen von Mitochondrien, wie auch in den Membranen der meisten Bakterien.


3.2.2   <u>Proteine</u>

Ein großer Teil der Membranproteine liegt als gebundenes Enzym
vor; aber zumindest einige spielen eine Rolle als Strukturproteine und nicht als Katalysator. In den Plasmamembranen roter
Blutkörperchen bilden ungefähr zwanzig Proteine und Glykopro-

teide (Eiweißzucker) die Hauptmasse der Proteinfraktion. Von diesen läßt sich nur ein Viertel relativ leicht von den anderen Mem-
branbestandteilen trennen. Wahrscheinlich enthält diese Fraktion
(vor allem mit Tectin A und Actin) die Moleküle, die peripher an
der inneren Membranoberfläche liegen. Nur wenige Proteine, wenn
überhaupt welche, sind ausschließlich mit der äußeren Lipidschicht assoziiert. Eine ganze Reihe von Proteinen durchspannen
dagegen die gesamte Membran, hier stellen zwei (Komponente A
oder III und Glykophorin) den Hauptanteil.

Es wird angenommen, daß Komponente A, ein Eiweißkörper mit einem
Molekulargewicht von 90 000 bis 100 000, am Transport von Anionen
durch die Plasmamembran beteiligt ist. Glykophorin, ein Sialin-
glykoproteid, das zu 60% aus Kohlenhydraten besteht (im Gegen -
satz zu Komponente A mit nur 6-8%), ist Träger der Blutgruppen-
merkmale ABO und MN und folglich an Prozessen der Zellidentifi-
zierung eng beteiligt.

Obwohl sich Proteine, die die Membranen durchdringen, in Bezug
auf ihren Aminosäureaufbau kaum von anderen Eiweißen unterscheiden, weist ihre Lokalisierung auf besondere amphotere Eigenschaften hin. Je nachdem, ob sie innerhalb der Membran oder mehr an
der Oberfläche liegen, müssen sie hydrophile oder hydrophobe Anteile besitzen. Hydrophobe Gruppen reagieren oft sehr stark mit
Lipiden, und sie können eng an Phospholipide gebunden sein. Es
sind diese Bindungen, die - vielleicht gemeinsam mit denen zwischen Kohlenhydrat- und Proteinanteil der Glykoproteide - die
membrandurchdringende Lage der Proteine festlegen und aufrechterhalten.

Glykoproteide kommen in den Membransystemen des Zellplasmas praktisch nicht vor. In der Plasmamembran sind sie stets so gelagert,
daß die Kohlenhydratanteile sich noch außerhalb der äußeren Lamelle der Lipiddoppelschicht befinden (Glykokalyx). Bis zu zehn
Saccharidreste bilden kurze Ketten und sind mit Aminosäuren verbunden. Durch ihre Stellung an den terminalen Aminogruppen des
Eiweißgerüsts "sträuben" sie sich regelrecht von der Membranoberfläche ab. Sie tragen negative Ladungen und können dadurch auch
den Abstand zwischen Zellen aufrechterhalten.

3.2.2.1 <u>Enzyme</u>.

Proteine besitzen eine räumliche Struktur. Ihre enzymatische
Wirksamkeit hängt von zwei Faktoren ab: der Aufrechterhaltung
einer korrekten molekularen Konfiguration und einem exponierten
katalytisch wirksamen Bereich (aktives Zentrum). Die Einlage-
rung enzymatischer Proteine in Membranen ermöglicht also eine
angemessene räumliche Anordnung der Moleküle, aber auch die
räumliche Trennung solcher Enzyme, die möglicherweise miteinander reagieren. Bei Anheftung an Membranen sind die einzelnen
Enzyme so zweckmäßig angeordnet, daß einzelne Schritte komplexer
Reaktionen, wie z. B. des Elektronentransports in der Cytochromkette, mit maximaler Geschwindigkeit ablaufen können.

Vermutlich besitzen alle Plasma- und Zellmembranen ihre assoziierten Enzyme. Diese sind für einzelne Membranen charakteristisch, aber sie müssen nicht auf sie beschränkt sein. So findet
man $Na^+,K^+,Mg^{++}$-aktivierte ATPase vor allem in Plasmamembranen,
Kathepsin und Phosphoproteid-Phosphatase in Lysosomen, Succinyl-
Cytochrom c-Reduktase und Cytochrom c-Oxidase auf den Cristae
von Mitochondrien, Fettsäuresynthetasen auf den Außenmembranen
der Mitochondrien, Peroxidase und Katalase in Peroxisomen (Mikrobodies) und Glykosyltransferase an glatten Membranen.

Die Spezialisierung bestimmter Gewebe führt zu einem unter-
schiedlichen Anteil der Enzyme in denselben Membransystemen.
In Plasmamembranen von Darm- und Nierenzellen findet sich mehr
alkalische Phosphatase als in Leberzellen. Die Plasmamembranen
von Darmzellen sind, wie zu erwarten, besonders reich an Verdauungsenzymen, die wegen ihrer oberflächlichen Anheftung zusätzlich die Wirkung der ins Darmlumen abgesonderten Enzyme unterstützen können.

Auch in Hefezellen sind die Verdauungsenzyme Invertase und Phosphatase an der Außenseite der Plasmamembran gebunden. Gerade bei
Mikroorganismen bietet die Anheftung der Verdauungsenzyme an der
Zelloberfläche offensichtlich den Vorteil, daß sowohl die Enzyme
als auch die Verdauungsprodukte nicht ins umgebende Medium dis-
pergieren.

# 4 Membranen der Zelle

## 4.1 Plasmamembranen

Kein anderes Membransystem der Zelle ist in Form, chemischer Zusammensetzung und Eigenschaften so variabel wie die Plasmamembran. Das überrascht nicht, da die Plasmamembran als Barriere
zwischen der Zelle und ihrer Umgebung allen Erfordernissen der
verschiedenen Zellspezialisierungen angepaßt sein muß. Außer der
dynamischen Aufrechterhaltung von Konzentrationsgradienten zwischen inter- und intrazellulären Kompartimenten (ausführlich in
Kapitel 7) hat die Plasmamembran noch eine Vielfalt von Funktionen im Zusammenhang mit der Zellerkennung, interzellulären Kom-
munikation, Wachstum und Kontrolle der Zellteilung.

### 4.1.1 Allgemeiner Aufbau

Im elektronenmikroskopischen Bild erscheint die Plasmamembran
ungefähr 7,5–9nm dick und uniform gebaut, bis auf die Stellen,
wo interzelluläre Verbindungen (s. 4.1.2) die Oberfläche unter-
brechen (Abb. 4-1).

Die äußere Gestalt der Plasmamembran reicht von einer relativ
gleichmäßigen, bikonkaven Form bei Säugererythrocyten bis zu
stark abgewandelten Flächen, wie z. B. bei Zellen der Nierentubuli, die auf der einen Außenfläche stark gefaltet und auf der
gegenüberliegenden mit handschuhfingerförmigen Ausstülpungen
(Mikrovilli) versehen sind (Abb. 4-2). Die zahlreichen Falten
vergrößern mit der Außenfläche zugleich den Zellbereich, an dem
Stoffaustausch stattfinden kann. In höher entwickelten Organismen sind die Zellen, abgesehen von den beweglichen roten Blutkörperchen, im allgemeinen formstabil, nachdem sie ausgereift
sind. Aber selbst ausgewachsene Epithelzellen behalten die Fähigkeit zur Formveränderung, eine wesentliche Eigenschaft für
den Prozeß der Wundheilung.

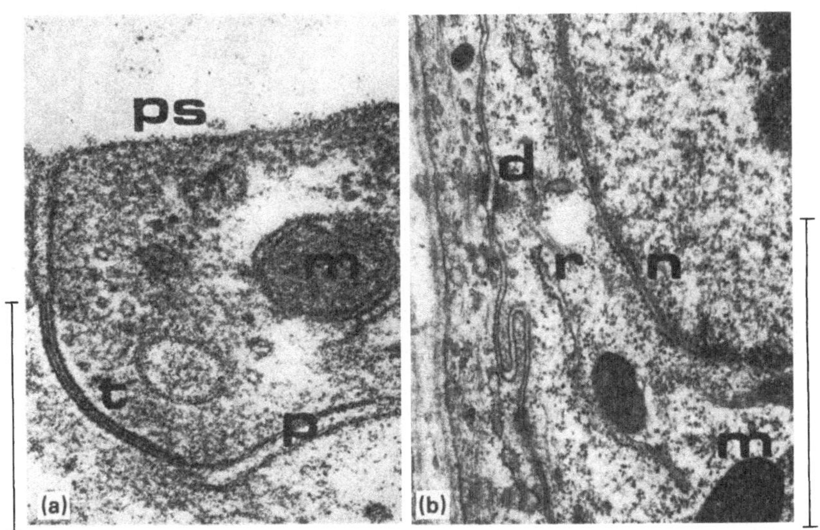


Abb. 4-1  (a) Tight junction (vgl. S. 50) zwischen Plasmamem-
          branen benachbarter Epithelzellen. m: Mitochondrium;
          p: Normalabstand der Plasmamembranen; ps: Plasmamem-
          bran der Zellaußenfläche; t: tight junction. Maßstab:
          1µm. (Mit Erlaubnis von R.P. G o u l d .)
          (b) Desmosom zwischen Parenchymzellen der Nebenschild-
          drüse. d: Desmosom; m: Mitochondrium; n: Kernmembran;
          r: rauhes endoplasmatisches Retikulum. Maßstab: O,5µm.
          (Mit Erlaubnis von R.P. G o u l d .)

Allgemeine Aussagen über den Aufbau von Plasmamembranen sind bei
dieser Variabilität naturgemäß schwierig. Die meisten bisher untersuchten Plasmamembranen bestehen zu ca. 40% aus Lipiden und
zu 60% aus Proteinen. Bei der Myelinscheide motorischer Nervenzellen, die aus Plasmamembranen der Schwannschen Zellen aufgebaut wird (s. S. 113), ist das Verhältnis umgekehrt, es beträgt
70% Lipide und 30% Proteine. In Leberzellen und Erythrocyten
stellen Cholesterin und Phospholipide einen hohen Anteil der Lipidfraktion der Plasmamembran (Tabelle 6), in Muskelzellen ist
der Anteil der Triglyzeride größer als der der Phospholipide.

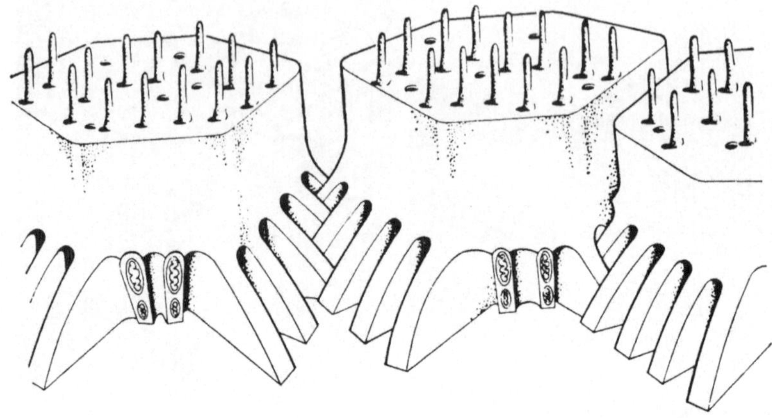

Abb. 4-2  Die vereinfachte Rekonstruktion von Zellen aus Nieren-
          tubuli zeigt die Verzahnung der durch Membraneinstül-
          pungen gekerbten Ränder. Lebende Zellen variieren stär-
          ker als hier wiedergegeben. (Aus R h o d i n , 1958.
          Int. Rev. Cytol. 7.)

Zu einem gewissen Grad unterscheiden sich Plasmamembranen chemisch von den intrazellulären Membranen. Phospholipide und Proteine finden sich selbstverständlich in beiden, aber es scheint
doch, daß einige Verbindungen bevorzugt in den Plasmamembranen
vorkommen, wie z. B. Cholesterin und Sialinsäure, die hier in
deutlich höherer Konzentration gefunden werden als in intrazellulären Membranen, und Glykolipide (Verbindungen aus Zucker und
Lipid), die auf die Plasmamembran beschränkt zu sein scheinen.

Die chemische Zusammensetzung der Plasmamembranen in verschiedenen Geweben eines Tieres kann ebenso variieren wie in gleichen
Geweben, aber verschiedener Tierarten. Die Plasmamembranen der
Erythrocyten des Rindes enthalten sowohl Sialinsäure als auch
Hexosamin, während die von Pferd, Hund und Katze zwar Sialinsäure, aber wenig oder kein Hexosamin aufweisen. Umgekehrt ist
es bei Schaf und Ziege, wo reichlich Hexosamin, aber Sialinsäure

nur in geringer Konzentration bzw. überhaupt nicht vorhanden
sind.

Tabelle 6    Lipidzusammensetzung in Plasmamembranen der Ratten-
             leber. Zahlen als Prozentwerte der Lipidgesamtmenge.
             (Aus  D o d  und  G r a y , 1969. Biophys.Biochem.
             Acta 150.)

| | | Phospholipide in Prozent<br>der gesamten Phospholipide |
|---|---|---|
| Cholesterin | 17 | |
| Freie Fettsäuren | | |
| Cholesterinester | 17 | |
| Triglyzeride | | |
| Unbestimmt | | |
| Phosphatidyläthanolamin | | 11 |
| Phosphatidylserin | | 6 |
| Phosphatidylinositol | 59 | 6 |
| Phosphatidylcholin | | 41 |
| Cardiolipin | | -- |
| Sphingomyelin | | 33 |
| Cerebroside | 7 | |

Auch die verschiedenen Fettsäuren zeigen sehr unterschiedliche
und spezifische Verteilungen (vgl. Tabelle 4). Vermutlich sind
die großen Unterschiede in der Wasserdurchlässigkeit verschiedener Zellmembranen (die Zelloberfläche von Amöben ist etwa hundertmal weniger permeabel als die Plasmamembran eines roten Blut-
körperchens) auf solche Variationen des Lipidaufbaus zurückzu-
führen.

Ein großer Teil des mit Membranen assoziierten Proteins ist bekanntlich enzymatischer Natur; auch hier sind Unterschiede je
nach Art des untersuchten Gewebes festzustellen. Plasmamembranen

von Epithelzellen, die das Darmlumen auskleiden, enthalten mehr
alkalische Phosphatase als Leberzellen, denen überhaupt eine Anzahl von Verdauungsenzymen fehlt. Ein für alle Plasmamembranen
charakteristisches Enzym ist jedoch die $Na^+, K^+, Mg^{++}$-aktivierte
ATPase, die beim Ionentransport eine wichtige Rolle spielt. Ein
anderes allgemein in Plasmamembranen vorkommendes Enzym baut aus
Zucker und Protein Glykoproteide auf, die häufig die Außenseite
der Plasmamembran bis zu einer Dicke von 5-7nm bedecken (Glykokalyx). Ein wichtiger Vertreter dieser membrangebundenen Glykoproteide bildet die Blutgruppenfaktoren (vgl. S. 32). Andere,
von der Zelloberfläche abgelöste Glykoproteide sind Komponenten
so verschiedener Verbindungen wie Serumproteine, Knorpel, Gelenk-
schmiere, Schleim und Glaskörper des Auges.

Plasmamembranen kontrollieren die Passage aller Stoffe, die in
Zellen hinein- oder aus Zellen herauswandern. Dazu müssen sie
zwar für kleine Moleküle relativ impermeabel sein, wiederum aber
nicht so, daß die Passage der Atemgase behindert wird. Wie gut
dieses Problem gelöst worden ist, läßt sich daran zeigen, daß
Plasmamembranen für Sauerstoff eine hundertmal größere Permeabilität besitzen als Monolayer aus Hexadekanol oder Oktadekanol.
Sehr wahrscheinlich wird dieser hohe Permeabilitätsgrad durch
den Einbau großer, plumpgeformter Moleküle erreicht, die verhindern, daß die Phospholipide zu dicht gepackt liegen. Zufällige
thermische Bewegung der am Membranaufbau beteiligten Moleküle
schafft vermutlich kurzfristig beständige Poren, die groß genug
für die Passage von Sauerstoffmolekülen sind.

Ähnliche Effekte auf die Membranpermeabilität können erklären,
warum Tiere, die normalerweise unter einem hohen hydrostatischen
Druck bewußtlos würden, das Bewußtsein wiedererlangen, wenn sie
geeigneten Mengen gasförmiger Narkotika wie $N_2O$ ausgesetzt werden.
Eine Klärung dieses Befunds wäre auch für Tiefseetaucher von Interesse. Es wird angenommen, daß die Druckkompression der Membranen sensibler Nervenzellen durch die Expansion bei Gasauf-
nahme kompensiert wird, wodurch die normale Ionenpermeabilität
und die elektrischen Eigenschaften der Membran wiederhergestellt werden.

Die Frage, ob andere diffundierende Substanzen, wie Harnstoff
und anorganische Ionen, die Lipidlayer während thermischer Mole-
külverlagerungen oder durch permanente wässrige Poren passieren,
hat mehr als eine kleine Kontroverse ausgelöst. Das Problem ist
sicher wichtig, um ausreichende Kenntnisse der Membranstruktur
zu erhalten; aber unglücklicherweise sind die experimentellen
Ergebnisse widersprüchlich. Theoretisch benötigen Substanzen
mit einem Moleküldurchmesser von weniger als 0,8nm zur Passage
einen Raum, der von drei Kohlenwasserstoffketten eines Phospholipids oder einem Cholesterinmolekül eingenommen wird. Zeitwei-
lige Verlagerung von Lipidmolekülen, die eine Pore dieser Größe
schaffen würde, könnte die Passage von $Na^+aq$ (Durchmesser mit
Hydrathülle 0,56nm), $K^+aq$ (Durchmesser 0,38nm) und Harnstoff
(0,2nm) erlauben, würde aber die Passage größerer Ionen, wie
$Ca^{++}$ (0,96nm) und $Mg^{++}$ (1nm), ausschließen. Die tatsächliche
Permeationsgeschwindigkeit bestimmter Substanzen durch Membranen
ist nicht allein von ihrer Größe abhängig; vielmehr scheint die
Passage einiger Stoffe, z. B. Glyzerin und Cholesterin, erleich-
tert zu sein. Dies führt zu der Annahme wässriger, halbperma-
nenter Poren, die vielleicht durch Proteine geschaffen werden,
die die Lipidschicht durchdringen und kanälchenartige Verbindungen von einer Seite der Membran zur andern bilden.

Bewegungen von Wassermolekülen durch die Membranen roter Blutzellen weisen auf Porengrößen von 0,7nm hin; aber die Diffusions-
raten verschiedener Nichtelektrolyte lassen eher Poren mit einem
wahrscheinlich noch kleineren Durchmesser von ca. 0,56nm vermuten. Außerdem liegt der elektrische Widerstand von Plasmamembranen gewöhnlich im Bereich von 1 000-10 000 Ohm$\cdot$cm$^2$, also um
ein Millionenfaches niedriger als der von Körperflüssigkeiten.
Folglich könnte für den Fall, daß es Poren für die freie Passage
von Ionen gibt, deren Flächeninhalt mit höchstens $10^{-6}$ der gesamten Membranfläche angesetzt werden. Da jedoch keine defi-
nierten Poren im Elektronenmikroskop sichtbar sind, muß die
Frage, ob sie existieren oder nicht, zunächst offen bleiben.
Wahrscheinlich sollten die Plasmamembranen überhaupt nicht als
eine starre und stabile Struktur angesehen werden. Zeitraffer-
aufnahmen von der rasanten Aktivität in Gewebekulturen wachsen-
der Fibroblasten geben eine heilsame Lektion für den, der sich

eine Zelle als eine einförmige Struktur, umgeben von einer permanenten Membran, vorstellt. Messungen der Umsatzrate der Membrankomponenten (Tabelle 7) bestätigen die Ansicht, daß Membranen eher in einem dynamischen als in einem statischen Zustand existieren.

Tabelle 7  Umsetzungszeiten der verschiedenen Membranlipide in Myelin und Mitochondrienmembranen. (Verändert nach O ' B r i e n , 1967. J. Theor. Biol. <u>15</u>.)

|  | Durchschnittliche Umsetzungszeit | |
|---|---|---|
|  | Myelin | Mitochondrienmembran |
| Cerebroside | 13 Monate | 2 Monate |
| Sphingomyelin | 10 Monate | 1 Monat |
| Phosphatidylcholin | 2 Monate | 2 Wochen |
| Phosphatidyläthanolamin | 7 Monate | 4 Wochen |
| Phosphatidylserin | 4 Monate | 3 Wochen |
| Phosphatidylinositol | 1,25 Mon. | 2 Tage |

Es wäre deshalb durchaus zu vermuten, daß einige Substanzen während des Umbaus von Membrananteilen in oder aus Zellen gelangen. Sicher besteht ein Zusammenhang zwischen der Aktivität sezernierender Zellen und dem verstärkten Umsatz von Bestandteilen der Plasmamembran.

Die Diskussion über die zufällige Entstehung von Poren durch thermische Bewegungsvorgänge und über die relativ hohen Umsatzraten von Membrankomponenten könnten den Eindruck erwecken, daß Membranen aus einer willkürlichen Verknüpfung von Molekülen bestehen. Neuere Untersuchungen jedoch, weit davon entfernt, solche Annahmen zu unterstützen, setzen innerhalb der Membranen geordnete Aggregationen von gleichartigen Molekülen voraus, die

spezifische <u>Domänen</u> bilden (Abb. 4-3 und 4-4). Solche Aggregate
oder parakristalline Ordnungen können entweder aus Proteinen
oder aus Lipiden bestehen. Sind sie aus Proteinen aufgebaut,
bilden sie bevorzugt die verschiedenen Arten von Zellverbindungen.

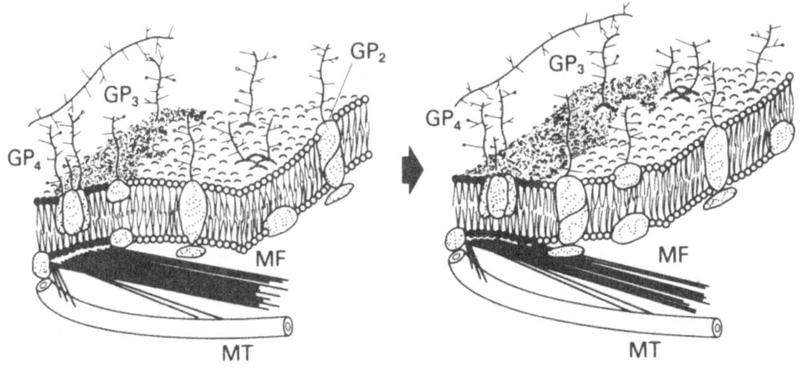


Abb. 4-3  Verteilung und Beweglichkeit von Rezeptoren der Zell-
          oberfläche in Abhängigkeit von peripheren und mem-
          brangebundenen Komponenten des Zytoskeletts. Die Be-
          weglichkeit der integrierten Glykoproteidkomplexe
          $GP_3$ und $GP_4$ wird sowohl durch periphere Komponenten
          der äußeren Oberfläche gesteuert, als auch durch
          transmembrane Verankerungen an membrangebundenen Ele-
          menten des Zytoskeletts. Zusätzlich können $GP_3$ und
          $GP_4$ in eine spezifische Lipiddomäne (schattierte Flä-
          che) abgesondert werden. Komplex $GP_2$ ist in freiem
          "unverankerten" Zustand und fähig zur Lateraldiffu-
          sion. MF: Mikrofilamente; MT: Mikrotubuli. (Aus
          N i c h o l s o n , 1976. Biochim. Biophys. Acta <u>475</u>.)


Aber auch aus Lipiden werden Domänen gebildet. N i c h o l -
s o n  spricht anschaulich von der Abtrennung "gefrorener"
Elemente, die "solide Lipideisberge auf einer flüssigen See aus

Lipid" bilden, um die Segregation zu beschreiben, die auftritt, wenn einfache Lipidgemische bei Temperaturen unterhalb der Phasenübergangswerte der einzelnen Komponenten gehalten werden. Die Phasenübergangstemperaturen liegen für viele Lipide innerhalb des physiologischen Temperaturbereichs, und so können vergleichbare Prozesse sehr wohl zur Bildung von Lipiddomänen in lebenden Membranen führen.

Sowohl einzelne Moleküle als auch Domänen können sich, wie schon erwähnt, in Membranen nach den Seiten bewegen; es gibt jedoch kaum Umlagerungen von Lipiden aus einem Monolayer in den anderen.

Einige Proteine brauchen eine relativ hohe Bewegungsfreiheit, um ihre normalen Funktionen zu erfüllen. Das Enzym $Na^+,K^+,Mg^{++}$-aktivierte ATPase liegt deshalb im allgemeinen in den Teilen der Membran, wo die Lipide ursprünglich frei und ungeordnet sind. Jedoch sind der freien Beweglichkeit einiger Membrankomponenten durchaus Grenzen gesetzt. Nicht homogene Moleküle sind aus einzelnen Domänen ausgeschlossen oder aber in "gefrorenen" Domänen festegelegt. Andere Membrankomponenten, besonders der Eiweißanteil, können durch membranfremde Substanzen innerhalb oder außerhalb der eigentlichen Membran oder durch Strukturen des Zellskeletts eingezwängt werden (Abb. 4-4). Zusätzlich zu dem stabilisierenden Effekt durch Verkettung der Kohlenhydrate in den Glykoproteiden an der Peripherie der Plasmamembran wirken vor allem drei verschiedene Strukturen von der Zytoplasmaseite her auf die räumliche Verteilung der Membranbestandteile ein: Mikrofilamente, dicke Filamente und Mikrotubuli. Bündel oder Blätter von Mikrofilamenten liegen oft dicht angelagert an der Plasmaseite der Membran, während sich die dicken Filamente und Mikrotubuli, aus dem Zytoplasma kommend, vielleicht über $Ca^{++}$ als Vermittler, mit den Proteinen der Membran verbinden, so daß diese dann relativ zu den anderen Membranmolekülen bewegt werden können. Ein Beispiel für diesen Vorgang ist das "capping" der Lymphocyten. Werden die Antigenrezeptoren auf der Oberfläche der Lymphocyten mit Fluorescëinliganden markiert, beobachtet man nach einiger Zeit, daß sie sich auf der Zelloberfläche verschieben, zunächst zu einzelnen Flecken und schließlich auf eine Seite als Pol-"kappe". Einmal am Pol angekommen, werden sie ge-

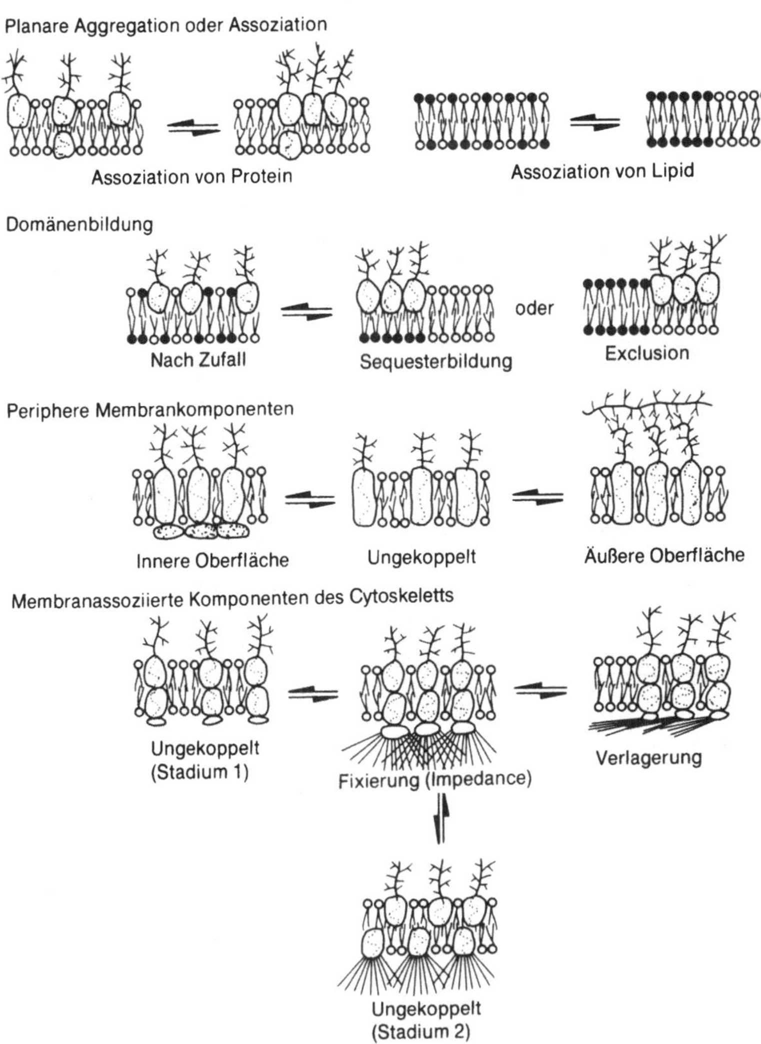


Abb. 4-4  Einige der möglichen Mechanismen, die die Seitwärts-
bewegungen von Rezeptoren der Zelloberfläche ein-
schränken. (Aus N i c h o l s o n , 1976. Biochim.
Biophys. Acta 475.)

wöhnlich abgestoßen und neue Rezeptoren als Ersatz in die Membranoberfläche eingegliedert.


## 4.1.2 Zellerkennung

Alle Zellen eines Individuums besitzen in ihren Zellmembranen charakteristische Proteine, durch die sie, wie mit einem Paß, in die Gemeinschaft der Körperzellen aufgenommen werden. Bei Vertebraten werden Zellen mit dem falschen Erkennungscode durch das Immunsystem angegriffen. Vor allem die kleinen Lymphocyten verursachen im Blut der Säuger die Produktion der Antikörperproteine, die sich an körperfremde Zelleiweiße anheften.

Das Antikörpersystem bietet zweierlei Schutz: zum einen gegen fremde Proteine oder Zellen, die von außen in den Körper eindringen, zum andern gegen körpereigene Zellen, die durch Mutation von ihrer normalen Form abweichen. Die Bedeutung der ersten Funktion für die Abwehr von Krankheitserregern ist offensichtlich, die zweite Schutzfunktion ist von mindestens gleicher Wichtigkeit. Genetiker haben geschätzt, daß nicht weniger als $10^6$ Mutationen an einem Tag im menschlichen Körper stattfinden können. Viele dieser Mutationen sind zweifellos für die betroffenen Zellen letal; die übrigen würden aber, wenn die mutierten Zellen überleben, zu einer Zunahme der Zellreihen mit funktionellen Deformierungen oder malignen Entartungen führen. Jedoch nur wenn die Mutation keine Veränderung der Membranproteine bewirkt, kann eine mutierte Zelle über längere Zeit der Aufmerksamkeit des Antikörpersystems entgehen. Glücklicherweise sind solche versteckten Mutationen vermutlich selten, sonst wären Krebserkrankungen wohl häufiger. Die Häufigkeit maligner Zellen nimmt bezeichnenderweise zu, wenn das Antikörpersystem immobilisiert wird.

Bei Organtransplantationen jedoch ist es unerläßlich, das Antikörpersystem zu hemmen, soll der Empfänger nicht das Transplantat abstoßen. Auch für eine erfolgreiche Transplantation sollte aber das Immunsystem nur soweit gedrosselt werden, daß der Empfänger zwar nicht das fremde Gewebe abweist, dabei aber doch

die Fähigkeit, Krankheitserreger und maligne Zellen zu erkennen
und zu zerstören, behält.

Nicht alle Lymphocyten besitzen Plasmamembranen, die chemisch
soweit differenziert sind, daß sie auf die Anwesenheit eines bestimmten fremden Proteins im Blut reagieren können. Es fällt
aber besonders auf, daß Lymphocyten, die fremdes Eiweiß im Blut
registrieren, zugleich stimuliert werden, sich zu teilen. Allgemein können offenbar Prozesse der Zelloberfläche an der Aus-
lösung von Zellteilungen beteiligt sein.

Leberzellen besitzen vier verschiedene Erkennungsproteine (Antigene) auf ihrer Oberfläche; über die Antigenproteine anderer Gewebe, außer von Blutzellen, ist bisher nur wenig bekannt. Die
Antigene der roten Blutkörperchen als Träger der bekannten Blutgruppenfaktoren bestehen aus Mukopolysacchariden in Verbindung
mit Sialinsäure und Aminozuckern. Für den Rhesusfaktor (D) gibt
es ungefähr 3 000-20 000 Reaktionsorte auf der Oberfläche eines
Erythrocyten. Für den Faktor A sind es sogar 50-100 mal soviel.

## 4.1.3 Oberflächenreaktionen zwischen Zellen

Die Zellen des Blutsystems sind relativ unabhängig voneinander,
aber die Mehrheit der Zellen von Vielzellern stehen miteinander
in Zusammenhang.

Das Zusammenhaften benachbarter Zellen ist bedeutsam für die Her-
absetzung ihrer Beweglichkeit. In Gewebekulturen bewegen sich
beispielsweise Fibroblasten durch Pseudopodien, die wellenförmig
an ihrer Oberfläche auftreten, fort. Berühren sich diese Zellen,
so wandern sie nicht übereinander weiter, sondern haften stattdessen an der Kontaktstelle aneinander, dadurch wird jede weitere Bewegung unterdrückt. Einigen Krebs-(Sarkom-)zellen fehlt die
Fähigkeit der Zellhaftung nach Berührung anderer Zellen. Sie
sind deshalb invasiver und neigen dazu, zwischen die Zellen anderer Gewebe einzudringen. Auch im Zuge der Wundheilung ist bei
Zellen der beschädigten Region vorübergehend ihre Haftfähigkeit

herabgesetzt, sie bewegen sich aus ihrer normalen Position, um
bei der Wundabdeckung mitzuwirken (Abb. 4-5). Auch während der
Embryogenese und den frühen Stadien der Organbildung sind Änderungen der Zelladhäsion von Bedeutung. Zellen können noch übereinander wandern, bis sie ihre endgültige Lage eingenommen haben.

Adhäsion zwischen benachbarten Zellen setzt die Bildung bestimmter interzellulärer Strukturen voraus.

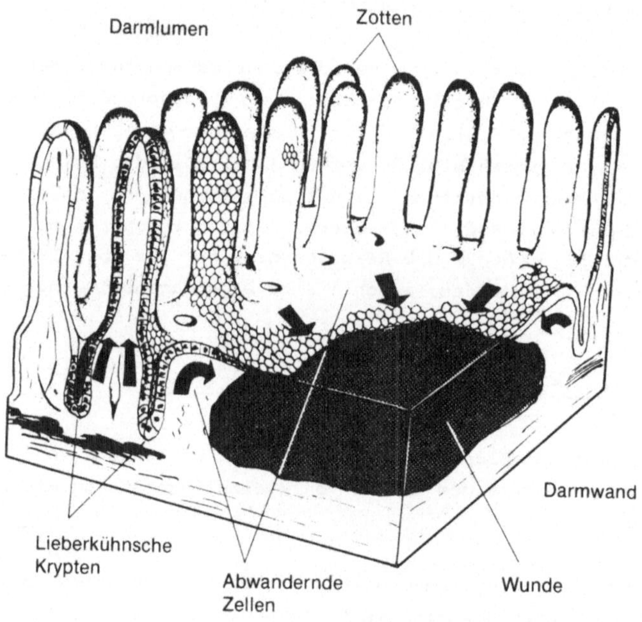


Abb. 4-5   Frühes Stadium von Wundheilung im Dünndarm. Abge-
           flachte Epithelzellen, zum Teil aus Lieberkühnschen
           Krypten, wandern auf die Wunde zu, um sie abzudecken.
           Im intakten Gewebe wandern die Zellen aus den Krypten
           dagegen an den Zotten empor, um an den Zottenenden zu
           verschwinden. (Aus  J o h n s o n , 1964. Ann. Rev.
           Scientific Basis of Medicine. Athlone Press, London.)

## 4.1.3.1 Reaktionen zwischen Plasmamembranen

Zwischen Plasmamembranen benachbarter Gewebezellen bleibt gewöhnlich ein Spalt von 20-30nm (Abb. 4-6a), nur in spezialisierten Bereichen (intercellular junctions) wird ein enger Kontakt
zwischen den aneinandergrenzenden Membranen hergestellt. Drei
Arten von Zellverbindungen sind bekannt: 1. Desmosomen (adhering
junctions), 2. Kontaktzonen (gap junctions), 3. Schlußleisten
(tight junctions). Die jeweiligen Funktionen, die diesen drei
Strukturen zugeordnet werden, sind mechanische Haftung, Stoffaustausch zwischen Zellen, Verhinderung der freien Passage verschiedener Stoffe durch den Interzellularspalt von einer Seite
des Epithels zur anderen.

## 4.1.3.2 Desmosomen

Die hauptsächlichen mechanischen Verbindungen zwischen Zellen
werden von Desmosomen (Macula adhaerens) gebildet, diskusförmi-
gen Modifikationen der Plasmamembran, die gewöhnlich einen Durchmesser von 0,2-0,5µm besitzen. Die benachbarten Plasmamembranen
haben hier den üblichen Abstand von 22-35nm, der Spalt ist häufig
mit einer Kittsubstanz ausgefüllt, die Glykoproteide enthält.
Manchmal ist eine Verdichtung der Kittsubstanz in der Mittellinie
zwischen den Desmosomenhälften zu erkennen, mit zusätzlichen
Querverbindungen zwischen den Plasmamembranen (Septum-Desmosom).
Auf der Zytoplasmaseite bietet die Desmosomenregion Anheftungs-
stellen für Fibrillen (ca. 10nm im Durchmesser), die schlaufen-
förmig vom Plasma und zurück verlaufen (Abb. 4-6b). Diese Strukturen schaffen feste Haftstellen zwischen benachbarten Zellen,
die auch eine Verteilung mechanischer Beanspruchung auf das umgebende Gewebe ermöglichen.

Zwei Arten von Desmosomen werden beschrieben: die Macula adhaerens, in der die Kontaktstelle die mechanische Beanspruchung
passiv auf benachbarte Zellen verteilt, und die Fascia adhaerens,
die kontraktile Fasern aus F-Actin enthält und damit aktiv die
Form benachbarter Zellen beeinflussen kann.

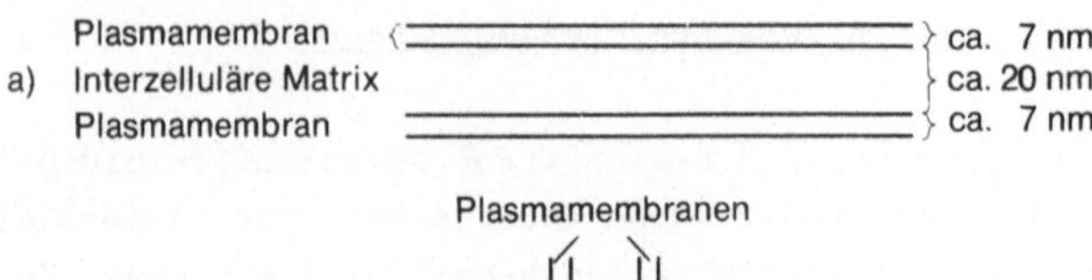



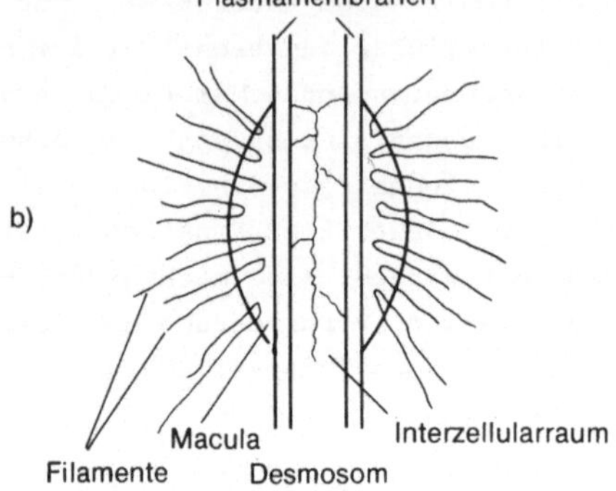



Abb. 4-6   (a) Allgemeine Dimensionen von Plasmamembranen und
Interzellularraum. (b) Schematische Darstellung
eines Desmosoms.

Desmosomen sind besonders häufig in Geweben, die, wie die Haut,
starker mechanischer Beanspruchung ausgesetzt sind, aber auch
überall dort, wo Zellen sich gegenseitig beeinflussen. Zerfall
eines Gewebes in einzelne Zellen tritt gewöhnlich immer dann
auf, wenn die Desmosomen durch Einwirkung eiweißspaltender Enzyme zerstört wurden. Am Rande sei bemerkt, daß auch Krebszellen
nur eine geringe Zahl desmosomaler Verbindungen zu ihren Nachbarzellen haben. Zweifellos erhöht das ihre Invasionsfreudigkeit.

### 4.1.3.3  Kontaktzonen

Kontaktzonen (gap junctions) sind Verbindungsstellen zwischen benachbarten Zellen für den Austausch anorganischer Ionen und organischer Moleküle mit einem Molekulargewicht bis zu $10^3$ dalton.
Man findet sie in allen Gewebearten auf allen Organisationsebe-
nen, vom Gewebe der Schwämme und Coelenteraten an aufwärts durch

das ganze Tierreich. Gap junctions werden von benachbarten Plasmamembranen gebildet, die hier so nahe aneinander herankommen,
daß der interzelluläre Spalt auf 1/10 seines normalen Abstands
verengt wird. Zusätzlich konnten durch elektronenoptische Untersuchungen Proteingruppen (gap junction particles), die hydrophile Kanälchen durch die Plasmamembran bilden, nachgewiesen
werden. Zwei gegenüberliegende Proteinaggregate benachbarter
Membranen verbinden sich und formen jeweils einen durchgehenden
zentralen Kanal. Messungen des elektrischen Widerstands ergaben,
daß sich Ionen durch die gap junctions benachbarter Zellen leichter bewegen als durch die Plasmamembran. Der Widerstand zwischen
benachbarten Zellen in Speicheldrüsen von D r o s o p h i l a
ist demzufolge nur in der Größenordnung von 110-190 Ohm·cm$^2$, wohingegen der Widerstand einer typischen Plasmamembran zwischen
Zellinnerm und Außenmedium im Bereich von 500-10 000 Ohm·cm$^2$
liegt. Es wird angenommen, daß in diesen Experimenten der Stromfluß zwischen benachbarten Zellen von anorganischen Ionen getragen wird, die sich durch die Kanäle in den gap junctions bewegen.

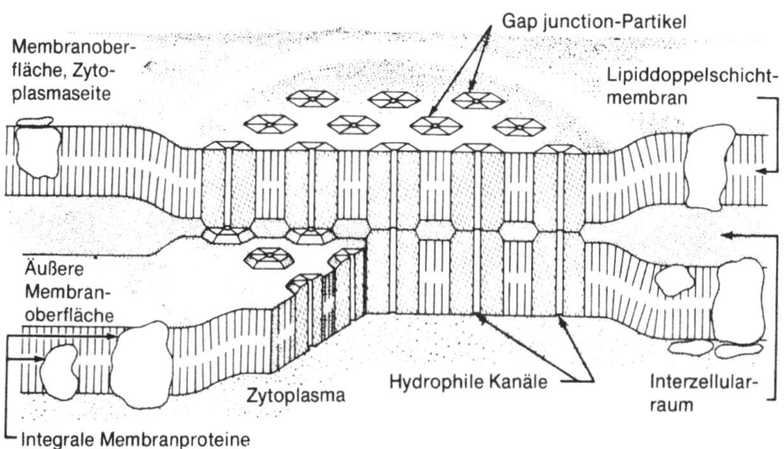



Abb. 4-7  Dreidimensionale Rekonstruktion einer gap junction.
(Aus S t a e h e l i n , 1974. Int. Rev. Cytol. 39.)

Die gap junctions ermöglichen also die Verteilung von kleinen
Molekülen, anorganischen Ionen, Stoffwechselprodukten und sogar
Nukleotiden zwischen benachbarten Zellen. Dadurch wird die Zusammenarbeit der Zellen eines Gewebes verbessert und erleich-
tert, da die Verteilung von Ionen, Aminosäuren und Wasser ausgeglichen wird. Wiederum werden Stoffwechselblockaden, die durch
genetische Aberrationen einzelner Zellreihen auftreten können,
nicht so schwer ins Gewicht fallen, weil die Zellen die Fähigkeit haben, die blockierten Substanzen aus nicht entarteten
Nachbarzellen zu beziehen.

Ein gutes Beispiel dieser Zusammenarbeit zwischen Zellen über
die gap junctions stellen embryonale Herzzellen dar. Werden sie
in einer Kultur zunächst isoliert gehalten und dann in Kontakt
zueinander gebracht, so beginnen sie schon nach einer halben
Stunde sich synchron zu kontrahieren. Dieser Zeitraum entspricht
genau dem, der gebraucht wird, um neue gap junctions zu bilden.
Werden dagegen die isolierten Herzzellen über L-Zellen, die keine
gap junctions bilden können, verbunden, so wird auch keine syn-
chrone Kontraktion erreicht.


## 4.1.4   Schlußleisten

Schlußleisten (tight junctions) finden sich vor allem in der apikalen Region von Epithelzellen, sie bilden, gleichsam ringförmig
um die einzelne Zelle, partielle Barrieren gegen den freien
Durchstrom von Wasser und anorganischen Ionen in den interzellulären Spalten.

Die charakteristische tight junction formt regelrechte Kontakt-
stränge (Schlußleisten) zwischen aneinandergrenzenden Plasmamembranen. In diesen Kontaktsträngen verbinden gemeinsame Elemente
die Membranen so eng miteinander, daß die jeweils äußeren Lamellen miteinander verschmelzen und der Interzellularspalt ver-
schwindet (Abb. 4-8). Die Dicke solcher Leisten ist dann geringer als der Durchmesser von zwei Membranen an kontaktfreien
Stellen. Anders als bei Desmosomen und gap junctions, die ver-
einzelte und punktförmige Kontakte formen, erstrecken sich die

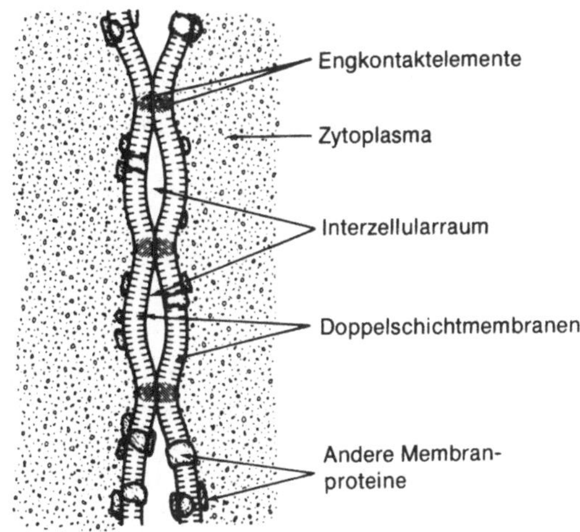


Abb. 4-8  Modell einer tight junction. Die vereinfacht ge-
          zeichneten Doppelschichtmembranen werden in den
          Kontaktsträngen durch proteinartige Partikel
          (schraffierte Engkontaktelemente) zusammengehalten.
          Gegenüberliegende Elemente durchziehen jeweils die
          gesamte Membranbreite und verbinden sich im Inter-
          zellularraum. (Aus S t a e h e l i n , 1974.
          Int. Rev. Cytol. 39.)

tight junctions über die gesamte Breite zweier benachbarter
Epithelzellen (Abb. 4-9). Sie blockieren dadurch den freien
Zugang zum Interzellularraum, sowohl von außen als auch von
der Innenseite des Epithels. Vermutlich verhindern tight junctions die Passage von großen Molekülen wie Protein vollständig.
Für anorganische Ionen und Wasser sind sie wahrscheinlich nicht
völlig, aber dennoch genügend undurchlässig, um einen Konzentrationsgradienten, der durch Ionentransportsysteme in der Plasmamembran bewirkt wird, aufrechtzuerhalten (s. Kapitel 6). Ein
Zusammenhang zwischen Struktur und Funktion wird insofern deut-

lich, als eine tight junction umso dichter ist, je mehr Querverbindungen zwischen den Zellen vorhanden sind. Relativ undurch-
lässige Epithelien, z. B. in der Harnblase der Kröte, haben acht
solcher Verankerungen. Dagegen besitzen die proximalen Tubuli
der Niere von  N e c t u r u s  bei ihrem durchlässigeren Epi-
thel nur drei Stränge in einer Engkontaktzone.

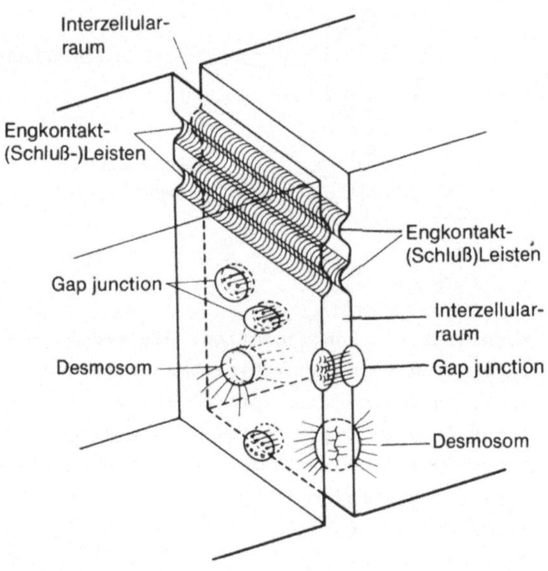


Abb. 4-9  Das Schema zeigt, daß gap junction und Desmosom nur
          begrenzte Kontaktstellen zwischen Zellen ermöglichen,
          während tight junctions eine fortlaufende Barriere
          durch den Interzellularraum bilden. Die verschiedenen
          Formen der Zellverbindungen sind im Verhältnis zur
          Zelle zu groß gezeichnet.

## 4.2 Endoplasmatisches Retikulum

Das endoplasmatische Retikulum (Ergastoplasma, ER) kommt normalerweise in allen Zellen vor, mit Ausnahme der reifen kern-
losen Erythrocyten. Besonders gut ausgebildet ist es in Zellen,
die Protein sezernieren.

Zwei Arten werden unterschieden:

1. Rauhes endoplasmatisches Retikulum (granuläres Retikulum, rough-surfaced reticulum, RER), (Abb. 4-10 u.a.)

2. Glattes endoplasmatisches Retikulum (agranuläres Retikulum, smooth-surfaced reticulum, SER), (Abb. 4-11)

Rauhes endoplasmatisches Retikulum besteht aus einem System miteinander verbundener Röhren mit einem Durchmesser von 40-70nm.
Gewöhnlich sind sie in einzelnen Plasmaregionen so dicht gelagert, daß sie abgeflacht werden und Lagen parallel angeordneter
Membranen bilden. Die Hohlräume, die diese Membranen umhüllen,
werden Zisternen genannt.

Das RER hat die Bezeichnung "rauh", weil seine Röhren auf ihrer
äußeren Oberfläche mit Ribosomen besetzt sind. Diese haben die
Form eines Doppelbrötchens und einen Durchmesser von ca. 15nm.
Sie bestehen aus Ribonukleinsäure und Protein. Zusammen mit der
Boten-RNA sind die Ribosomen die Synthesestätte der Proteine.
Hier werden die durch die Transfer-RNA herantransportierten
Aminosäuren mittels Peptidbindung zu sekundären und tertiären
Eiweißmolekülen zusammengesetzt. Die Proteine, oder ein Teil
von ihnen, permeieren durch die Membran in die Räume des RER.
Aus seiner Rolle für die Eiweißsynthese und der direkten Nach-
barschaft zu den Ribosomen erklärt sich, daß das RER vor allem
in solchen Zellen stark ausgebildet ist, die, wie im Pankreas
oder in den Spinndrüsen von Arachniden, Proteine in großen Mengen synthetisieren.

Glattes endoplasmatisches Retikulum unterscheidet sich vom RER
darin, daß a) die Ribosomen fehlen und b) selten Zisternen ge-

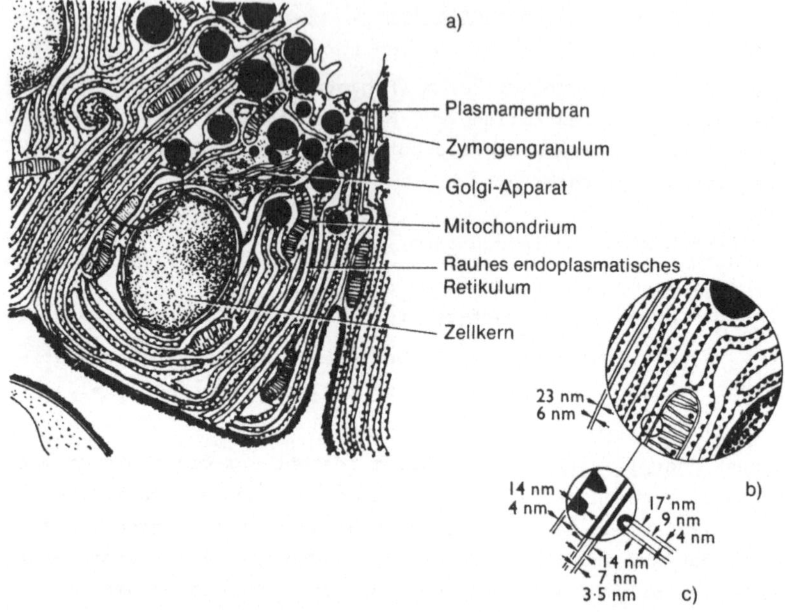



Abb. 4-10  Diagramm zur Illustration der Dimensionen verschiedener Zellmembranen in Drüsenzellen des Mäusepankreas.
(a) Allgemeiner Überblick; b) Dimensionen einer Plasmamembran und benachbarter Plasmamembranen mit interzellulärer Matrix; c) Größenverhältnisse der Membran
des RER, der Ribosomen und der äußeren und inneren
Grenzmembranen und der Cristamembran eines Mitochondriums. (Aus S j ö s t r a n d , 1956. Int. Rev.
Cytol. 5.)

bildet werden. Dieses Retikulum ist besonders reichlich in Zellen der Hoden und der Nebennierenrinde, die an der Synthese der
Steroide beteiligt sind. Auch am Cholesterinstoffwechsel scheint
das SER mitzuwirken, wie vielleicht allgemein am Lipidmetabolis-
mus. Offensichtlich bestehen manchmal Verbindungen zwischen
glattem und rauhem endoplasmatischen Retikulum; das SER scheint

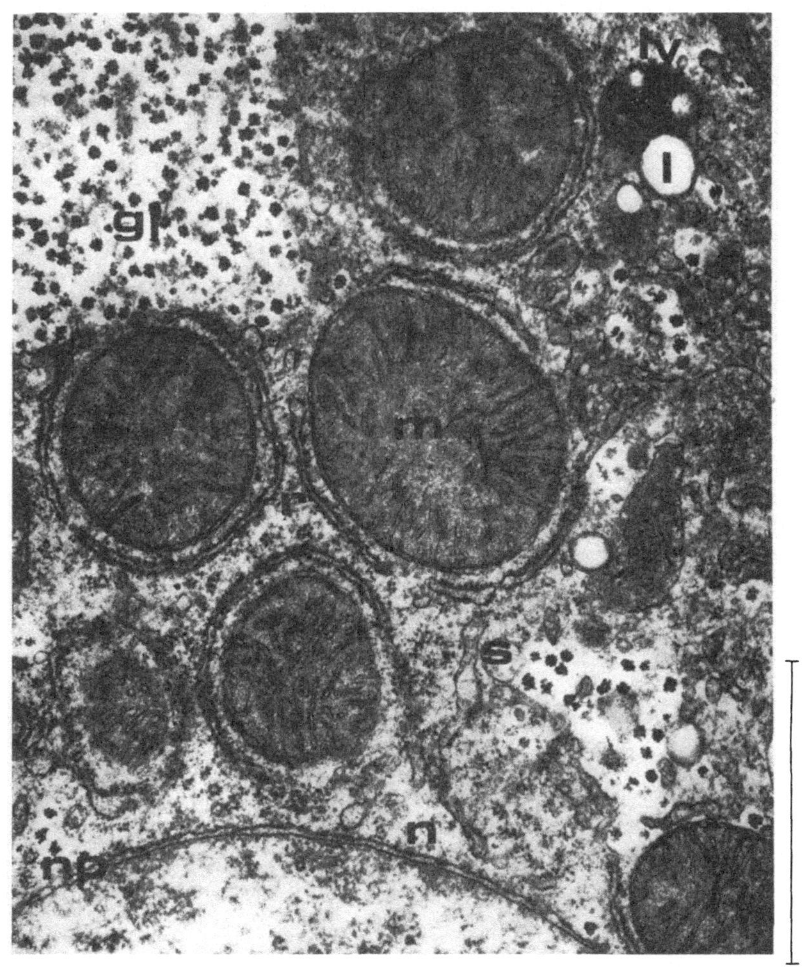

Abb. 4-11  Teil einer Leberzelle der Fledermaus.
gl: Glykogengranulum; l: Lipid; ly: Lysosom; m: Mitochondrium; n: Kernmembran; np: Pore der Kernmembran;
r: rauhes endoplasmatisches Retikulum; s: glattes endoplasmatisches Retikulum. Maßstab: 1μm.
(Mit Erlaubnis von  R.P.  G o u l d .)

Enzyme, die in den Ribosomen gebildet wurden, von den Zisternen
des RER zum Golgi-Apparat zu transportieren. Dieser Transport
schließt offenbar auch einen Membranfluß von einem System zum
andern mit ein. Die Alternative zum Enzymtransport über das SER
ist Abschnüren von Bläschen aus den RER.


## 4.3   Kernhülle (Kernmembran)

Abgesehen von den Zeiten der Zellteilung ist der Zellkern vom
Zytoplasma durch die Kernhülle getrennt. Sie besteht aus zwei
nebeneinanderliegenden Membranen von jeweils 7-8nm Dicke; ihr
Abstand beträgt 30-50nm (Abb. 4-11). Die beiden Membranen tref-
fen an bestimmten Stellen zusammen und formen achteckige Poren
mit einem Durchmesser von 30-80nm (Abb. 4-12). Die Anzahl der
Poren variiert mit der Größe des Kerns (in Hefezellen ca. 2000),
aber Größe und Form sind relativ ähnlich, selbst bei so verschiedenen Species wie Seestern, Molch und Frosch.

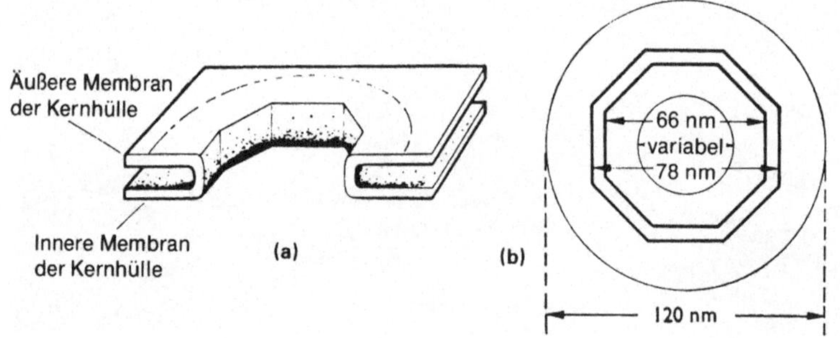


Abb. 4-12   Schematische Darstellung der Gestalt und Größe von
            Poren der Kernhülle. (Leicht abgeändert nach G a l l,
            1967. J. Cell. Biol. 32.)


Die äußere Oberfläche der Kernhülle trägt häufig Ribosomen, die
denen des RER ähneln, so daß behauptet wird, die Kernhülle sei

ein spezialisierter Teil des Retikulums. Diese Anschauung er-
hält zusätzliche Unterstützung durch elektronenmikroskopische
Bilder, die darauf hindeuten, daß die Kernhülle zur Zeit der
Zellteilung aufgelöst und in Bläschen, die denen des ER ähneln,
umgeformt wird. Außerdem erfolgt der Aufbau der Kernmembran
nach der Zellteilung aus Komponenten des RER.

## 4.4  Ringlamellen (Annulus)

Dieses Membransystem, das der Kernmembran insofern ähnelt, als
es auch Poren mit acht Untereinheiten besitzt, kommt im Zytoplasma von Ei- und Tumorzellen vor, wird aber sonst kaum gefunden. Ringlamellen bilden sich durch Fusion und Reorganisation
von winzigen Bläschen ("blebs"), die von der Kernmembran abge-
schnürt werden (Abb. 4-13). Über ihre Funktion ist kaum etwas
bekannt.

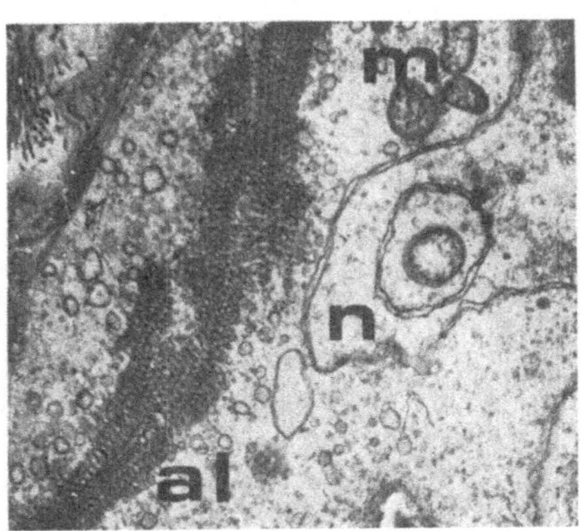


Abb. 4-13  Teil eines Oogoniums von X e n o p u s   l a e v i s
           mit al: Ringlamellen; m: Mitochondrium; n: Kernmem-
           bran. (Mit Erlaubnis von  A. C. W e b b .)

## 4.5  Golgi-Apparat

Der Golgi-Apparat (Golgisystem, Dictyosomen) hat eine recht
wechselhafte Karriere in der biologischen Literatur erlebt, seit
er von  G o l g i  Ende des vorigen Jahrhunderts beschrieben
wurde. Zunächst hielten viele Forscher ihn für einen durch die
Zellfixierung entstandenen Artefakt. Heute gilt als gesichert,
daß er in Gestalt eines röhrenförmigen oder abgeflachten Netzes
glatter Membranen (Abb. 2-2) in sämtlichen Zellen vorkommt.
Seine maximale Größe und Ausdehnung besitzt er in sekretorischen
Zellen und in Speichergewebe. In der Bauchspeicheldrüse des
Meerschweinchens z. B. nimmt der Golgi-Apparat 6-10% des Zellvolumens ein. Drei Zonen, die zentralen Vakuolen, Zisternen und
periphere Vesikel, lassen sich unterscheiden. In Pflanzenzellen
besitzt er einen vergleichbaren Grad an Komplexität (Abb. 4-14).
Das abgebildete Modell zeigt fünf abgeflachte Zisternen, von denen sich anastomosierende Röhren zur Peripherie erstrecken. An
zwei Stellen bilden die Tubuli Bläschen; zwischen den Zisternen
liegen regelmäßige Ansammlungen von Mikrotubuli.

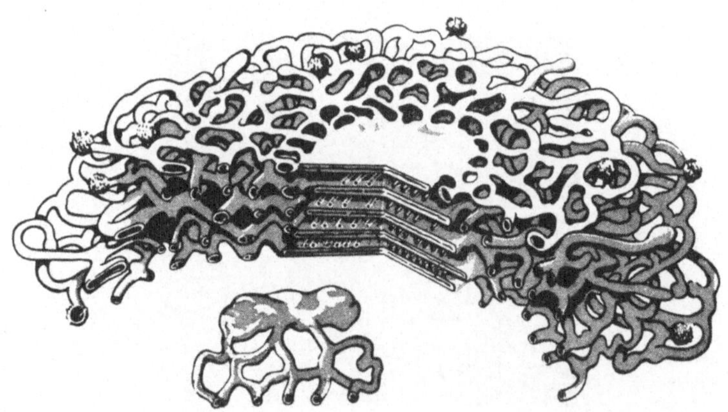

Abb. 4-14  Schematische Darstellung eines Pflanzen-Dictyosoms
           (Golgi-Apparat). (Erklärung im Text.) Nebenabbildung
           zeigt die Bildung eines Sekretbläschens. (Aus  M o l -
           l e n h a u e r  und  M o r r é , 1966. Ann. Rev.
           Plant Physiol. 17.)

Golgimembranen sind glatt und ca. 7nm dick, sie zeigen im elektronenoptischen Bild den Aufbau einer Elementarmembran. Benachbarte Membranen, die die Wände übereinanderliegender Zisternen aufbauen, liegen mit ca. 14nm Abstand dichter als die der gestapelten Zisternen des ER.

Besonders charakteristische, mit den Golgimembranen verbundene Enzyme sind für die Synthese von Glykoproteiden aus Zuckern und Protein zuständig. Zum Beispiel stammen die Mucopolysaccharide, die H y d r a· zur Anheftung der Fußplatte an einer Unterlage benötigt, aus dem Golgi-Apparat. Die Membranen des Golgi-Apparats dienen aber nicht nur als Anheftungsfläche für Enzyme, vielmehr können sie solche Enzyme, die durch die Zelle transportiert werden, einhüllen und verpacken. So werden hier primäre Lysosomen (s. S.60) mit Enzymen für den intrazellulären Stoffwechsel und Granula mit Vorstufen der extrazellulär wirksamen Verdauungsenzyme (s. S.63) geformt.


## 4.6 Lysosomen

### 4.6.1 Aufbau des Lysosomensystems

Die Autolyse von unbrauchbaren Zellteilen und die Verdauung der durch die Zelloberfläche aufgenommenen Makromoleküle sind die Hauptaufgabe eines Systems vesikelförmiger Membranen, die als Lysosomen bezeichnet werden (Abb. 4-11). Es gibt drei Hauptformen dieses intrazellulären Verdauungssystems, primäre Lysosomen, die Verdauungsenzyme enthalten, Heterophagosomen, die Makromoleküle und größere Partikel, welche durch die Zelloberfläche aufgenommen wurden, einschließen, und Autophagosomen, die Zellorganellen, welche abgebaut werden müssen, beseitigen.

Werden primäre Lysosomen mit Hetero- oder Autophagosomen in Kontakt gebracht, so fließen beide Vesikel unter Verschmelzung der Membranen zusammen und bringen dadurch die Verdauungsenzyme in Berührung mit dem eingeschlossenen Material. Das neuentstandene Bläschen wird als sekundäres Lysosom bezeichnet. Noch während

die Verdauungsprozesse ablaufen, werden verwertbare Produkte
durch die Lysosomenmembran ins Zytoplasma abgegeben. Am Ende
der Verdauung bleiben sog. <u>Postlysosomen</u> übrig, die in der Zelle
gespeichert werden können oder aber ihren unverdaulichen Inhalt
durch die Plasmamembran abgeben (Exocytose, Abb. 4-15).

<u>Primäre Lysosomen</u> sind im wesentlichen vorgepackte Enzymbehälter,
in denen eine große Zahl von Substanzen, darunter Proteine und
Nukleotide, abgebaut werden können. Insgesamt sind bisher ungefähr 15 Enzyme in Lysosomen identifiziert worden, u. a. saure
Phosphatase, Kathepsin, saure Nukleasen und $\alpha$-Glukosidase. Da
diese Enzyme Bestandteile des Zytoplasmas und des Kernplasmas
ebenso leicht abbauen würden wie den Inhalt der Phagosomen, ist
es für die Erhaltung der Zelle von entscheidender Bedeutung, daß
sie in undurchdringlichen Membrankompartimenten isoliert sind.
Sie werden von einer Elementarmembran, die mit etwa 9nm etwas
dicker als die meisten Zellmembranen ist, eingeschlossen.

Man nimmt an, daß primäre Lysosomen aus dem Golgi-Apparat durch
das Abknospen von Vesikeln entstehen, obwohl die Enzyme wohl ursprünglich in den zum RER gehörenden Ribosomen synthetisiert
wurden (s. S. 53).

<u>Heterophagosomen</u>. Protozoen, wie A m o e b a , und phagocytie-
rende Zellen des Blutes oder des retkulo-endothelialen Systems
der höher entwickelten Organismen können geformte feste Stoffe
in die Zelle aufnehmen und schließlich verdauen. Solche "Nah-
rungsvakuolen" (Heterophagosomen) erreichen einen Durchmesser
von ca. 10µm und mehr.

Kleinere Vakuolen, die aber flüssiges Material enthalten, werden
von Blutzellen und Amöben durch einen ähnlichen, als <u>Pinocytose</u>
(Zelltrinken) bezeichneten Vorgang gebildet. Bei Amöben findet
Pinocytose nicht beständig statt; durch Einbringen des Tieres in
eine 1,5%ige Proteinlösung kann sie aber induziert werden. Dabei
stülpt sich die Außenmembran an einer oder mehreren Stellen ein
und bildet fingerförmige Kanäle. Am Grund dieser Kanälchen schnü-
ren sich kleine Bläschen (ca. 1µm Durchmesser) ab und werden ins
Zytoplasma getragen. Zellen mit Bürstensaum bei höher entwickel-

ten Organismen bilden die Pinocytose-Vesikel stets an der Basis
der "Bürste".

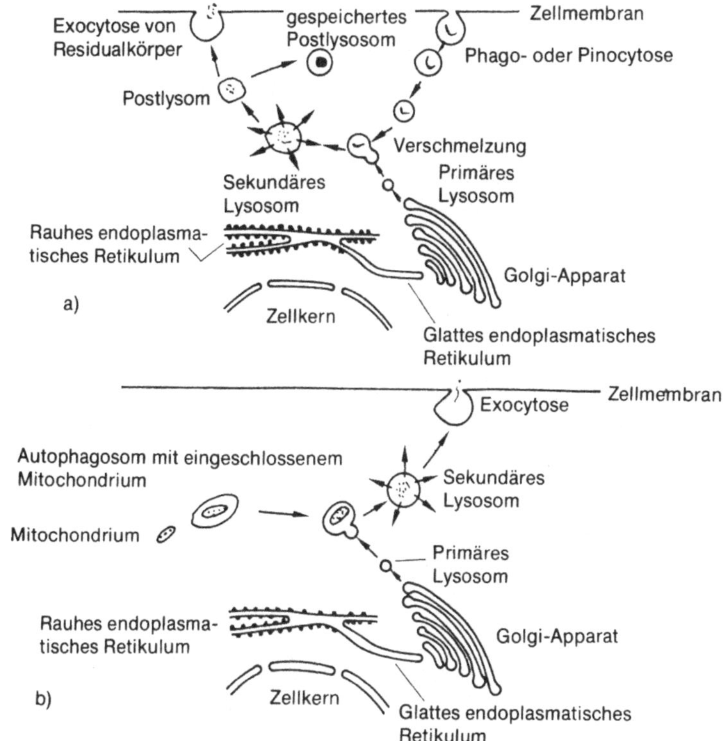



Abb. 4-15  Schematische Darstellung der wahrscheinlichen Ent-
stehungsweise und des weiteren Schicksals von Lysosomen. a) Schrittweise Bildung von primären Lysosomen, Verschmelzung mit Pino- oder Phagocytose-Vesi-
keln zu sekundären Lysosomen. Resorption brauchbarer
Stoffe ins Zytoplasma. Speicherung oder Exocytose
von Postlysosomen. b) Bildung von Autophagosomen mit
anschließender Verdauung durch Enzyme primärer Lysosomen. (Nach Beschreibungen von A l l i s o n , d e
D u v e  und  W a t t i a u x , 1966.)

In einigen Geweben, nicht jedoch in Nerv und Muskel, finden sich noch kleinere (Mikropinocytose-) Bläschen mit nur 0,1µm Durchmesser, die eher aus Grübchen der Außenmembran als am Ende von Kanälchen geform werden.

Alle diese Vesikel haben trotz unterschiedlicher Größe gemeinsam, daß ihre Hülle von der Plasmamembran abstammt und daß die in ihnen enthaltene Flüssigkeit ursprünglich extrazelluläres Medium war. Sie können deshalb alle unter dem Sammelbegriff Heterophagosomen zusammengefaßt werden.

Pinocytose bedeutet allerdings  mehr als nur das Einschließen eines Tröpfchens des extrazellulären Mediums. Eine ganze Reihe von Substanzen, wie Saccharose, nichtionische Detergentien, körperfremdes Eiweiß, Mannit u. a., können in diesen Vesikeln höher konzentriert werden, als sie im Außenmedium vorkommen. Ursache dieser Anreicherung ist wahrscheinlich eine Adsorption der betreffenden Substanzen an der Plasmamembran vor der Invagination und Bläschenbildung.

Autophagosomen. Harry  G r u n d f e s t 's Bemerkung:"In seinen Grundzügen arbeitet der Zellhaushalt bewundernswert sparsam; ausrangierter Trödel wird umgebaut und aufpoliert und ist dann wieder zu verwenden" fiel zwar in anderem Zusammenhang, sie beschreibt aber besonders treffend die Funktion der Autophagosomen. Diese sollen überflüssig gewordene Organellen soweit ab- und umbauen, daß sie wiederverwendet werden können. Autophagosomen bilden sich durch Abtrennung und Umhüllung einzelner Organellen und Plasmabezirke mittels glatter Membranen. Kommen Auto- oder Heterophagosomen in Kontakt mit primären Lysosomen, so vereinigen sich die Vesikel zu sekundären Lysosomen unter Membranverschmelzung.

Sekundäre Lysosomen. Die Verdauungsenzyme aus den primären Lysosomen spalten das über die Heterophagosomen in die Zelle gelangte Material und den Inhalt der Autophagosomen auf, die dabei entstehenden und verwertbaren kleineren Moleküle gelangen durch die Grenzmembran ins Zytoplasma. Das Bläschen mit seinem nach der Verdauung übriggebliebenen Inhalt wird als Postlysosom (Residualkörper) bezeichnet.

Für das weitere Schicksal der <u>Postlysosomen</u> in der Zelle ergeben
sich zwei Möglichkeiten. Entweder bleiben sie über lange Perio-
den unverändert oder ihre Membran verbindet sich mit der Plasmamembran und der unverdauliche Inhalt wird nach außen entlassen.
Welche dieser Alternativen gewählt wird, hängt von der Natur der
Wirtszelle ab und von den Möglichkeiten für die Beseitigung dieser "Zellfäkalien". Leberzellen haben ein probates Mittel, den
lysosomalen Abfall zu beseitigen, sie lassen ihn in die Galle
ab. Tatsächlich konzentrieren sich Lysosomen in Leberzellen besonders um die Gallengänge. Im Gegensatz dazu neigen Hautzellen
dazu, die Postlysosomen zu speichern, eine Eigenart, die beim
Tätowieren eine Rolle spielt. Die Kohlepartikel werden in die
Lysosomen aufgenommen und bleiben dann über lange Zeit in der
Zelle.

## 4.6.2 <u>Spezialisierung des Lysosomensystems</u>

In dem oben beschriebenen zellulären Verdauungssystem wird also
Verdauungsenzym (aus den primären Lysosomen) mit einer Portion
extrazellulärer Substanz (aus den Heterophagosomen) zusammenge-
bracht. Eine kleine Veränderung im zeitlichen Ablauf dieses Vor-
gangs könnte dazu führen, daß sich die primären Lysosomen in die
pinocytotischen Vesikel entleeren, bevor diese sich von der Zelloberfläche abschnüren. Oder sie könnten ihre Enzyme direkt durch
die Oberfläche nach außen abgeben und unmittelbar auf das umgebende Gewebe und die Außenlösung einwirken, anstatt auf Stoffe,
die erst einverleibt wurden. Man kann leicht Analogien zwischen
dieser theoretischen Modifikation des Lysosomensystems und der
bei einigen Zellen beobachteten  extrazellulären Enzymsekretion
sehen. Im Pankreas z. B. werden die Zymogengranula vom Golgi-
Apparat gebildet und vor der Sekretion in Membrankompartimenten
zur Zelloberfläche befördert (Abb. 4-10).

In ähnlicher Weise werden die extrazellulär wirksamen Enzyme der
Osteoklasten, die unerwünschtes Knochengewebe abbauen, in Lyso-
somenvesikeln durch das Plasma zur Oberfläche transportiert.

Parathormon erhöht die Sekretionstätigkeit von Osteoklasten anscheinend dadurch, daß es die Verbindung der enzymhaltigen Vesikel mit der Zelloberfläche und damit die Freisetzung der Enzyme beschleunigt.

Auch in ihrer Funktion kann die Pinocytose modifiziert werden.
Ein Heterophagosom ist in der Lage Material an einer Oberfläche
der Zelle herein- und an einer anderen hinauszutransportieren,
d. h. es durchläuft alle Stadien von der Pinocytose bis zur
Exocytose eines Postlysosoms, ohne Verdauungsenzym aus einem
primären Lysosom aufgenommen zu haben. Ein solcher Vorgang
scheint beim Serumtransport aus dem Blut durch die Endothel-
zellen der Kapillaren hindurch ins Interstitium, sowie bei der
Übertragung von Antikörperprotein aus dem mütterlichen Blut in
das des Fetus über die Plazentarschranke eine Rolle zu spielen.

In modifizierter Form ist die Autophagosomen-Aktivität sicher
an dem umfangreichen Proteinumbau während der Metamorphose
(besonders bei Insekten und Amphibien) beteiligt.


4.6.3  <u>Lysosomen und Krankheit</u>


Die Enzyme der Lysosomen stellen für die Zelle eine latente Gefahr dar. In den Vesikeln sind sie nach d e D u v e  "sicher
hinter Gittern" aufgehoben, die Membranen verhindern, daß die
Hydrolasen das Zytoplasma angreifen. Erst beim Eintritt des
Zelltods werden diese Gitter gesprengt und die Enzyme entweichen
ins Plasma. Rasche und irreversible Autolyse der Zellbestandtei-
le ist die Folge. Zu Lebzeiten hängt daher das Überleben der
einzelnen Zelle von einer intakten Lysosomenmembran ab. Die Wirkung einiger giftiger Substanzen wird ihrem Einfluß auf die Membranen von Lysosomen zugeschrieben. Auch die Entstehung von
Krankheiten wird in vielen Fällen mit der gestörten Funktion
der Lysosomen in Verbindung gebracht.

Verschiedene Substanzen sind dafür bekannt, daß sie die Brüchig-
keit der Lysosomenmembran erhöhen. Sie können damit indirekt

jede Zelle zerstören, in die sie über Heterophagosomen einge-
drungen sind. So können Siliziumdioxidpartikel Makrophagen, von
denen sie aufgenommen wurden, zerstören. Das dadurch freigesetz-
te Siliziumdioxid kann wiederum von anderen Makrophagen aufgenommen werden und diese vernichten. Bergleute inhalieren oft
große Mengen von Silikaten. Zerstörung zahlreicher Makrophagen
und Ablagerung kollagener Fasern um die toten Zellen in der
Lunge ist die Folge. Das als Silikose und Silikatose bekannte
Krankheitsbild führt zu bindegewebiger Veränderung und Funktions-
beeinträchtigung der Lunge.

Einige carcinogene polyzyklische Kohlenwasserstoffe und Farb-
stoffe können ebenfalls die Lysosomenmembranen aufbrechen.
Möglicherweise besteht die carcinogene Wirkung in der Freisetzung von Nukleasen aus den Lysosomen. Diese Enzyme würden
dann sekundär zu Mutationen führen, die maligne Entartungen
verursachen.


## 4.7 Mikrobodies

Mikrobodies (Cytosomen) sind kugelige (Sphärosomen)oder eiför-
mige Gebilde, die durch eine einfache Membran von 6,5nm Dicke
begrenzt werden. Sie kommen in sehr vielen Zellen der verschie-
densten Organismen, einschließlich Pflanzen, Protozoen und Meta-
zoen vor, bei höher entwickelten Tieren besonders zahlreich in
Leber- und Nierenzellen. Der Durchmesser der Mikrobodies beträgt gewöhnlich 0,3-0,96µm. In Leberzellen sind etwa 400-800
vorhanden. Wahrscheinlich gliedern sie sich vom endoplasmatischen Retikulum, möglicherweise auch vom Golgi-Apparat ab. Sie
sollten nicht mit den Mikrosomen verwechselt werden, bei denen
es sich um Artefakte ungefähr gleicher Größe und Membranbeschaf-
fenheit handelt, die jedoch durch Zerreißen des ER bei Ultrazentrifugation entstehen.

Cytosomen sind am Aminosäure- und Purinabbau und an der Umwandlung von Fett in Zucker während der Samenkeimung (Glyoxylat-
zyklus), bei denen $H_2O_2$ entsteht, beteiligt. Sie enthalten
Urikase und D-Aminosäureoxidase und regelmäßig Katalse und

Peroxidase; die Enzyme können kristalloide Einschlüsse bilden.
(Urikosomen, Peroxisomen, Glyoxysomen). Welche Rolle die Katalase im Stoffwechsel spielt, ist im einzelnen noch nicht ge-
klärt.

Die Membranen der Cytosomen scheinen für kleiner Moleküle wesentlich permeabler zu sein als die etwas dickeren Lysosomenmembranen.


## 4.8   Mikrotubuli

Dünne, röhrenförmige Membransysteme (Mikrotubuli) ungefähr kon-
stanter Größe kommen in vielen Zellen vor; ihre sehr unterschiedliche Lage und Anordnung und eine Vielfalt von Funktionen er-
schweren die Einordnung in ein gemeinsames System von Organellen.
Sie formen beispielsweise die fibrilläre Infrastruktur der Ci-
lien, aber auch die Fasern des Spindelapparats und der Polsterne
während der Zellteilung; sie liegen als ein breites Band unter
der Membranoberfläche rund um den Äquator von Molch-Erythrocyten
oder am Ende der Mitose dicht neben der Teilungsfurche (Abb.
4-16a, b); sie sind an der Bildung der Pellikula bei Paramecien
beteiligt oder liegen frei und ungeordnet im Zytoplasma von
Amöben.

Mikrotubuli haben gewöhnlich einen Durchmesser von 20-25nm mit
einem Lumen von 10-20nm. Die 5-10nm dicke Röhrenwand wird von
12-13 längsverlaufenden Subfibrillen (Protofilamenten) mit einem
Durchmesser von 4nm gebildet. Diese sind aus Tubulin-dimeren zusammengesetzt. Mikrotubuli zerfallen leicht in ihre Untereinheiten; sie können mit Hilfe von Aggregationszentren rasch wieder
zusammengebaut werden. Wahrscheinlich ist das ER der Ort für
die ursprüngliche Bildung der Mikrotubuli.

Lage und Anordnung lassen neben einer Stützfunktion für die Zelle
(Zytoskelett) (Abb. 4-16c) auch eine Beteiligung an der Regulierung der Plasmaströmung vermuten. Sie sind an Bewegungsvorgängen
der Zelle beteiligt, beim Cilienschlag ziehen die Dynëinarme

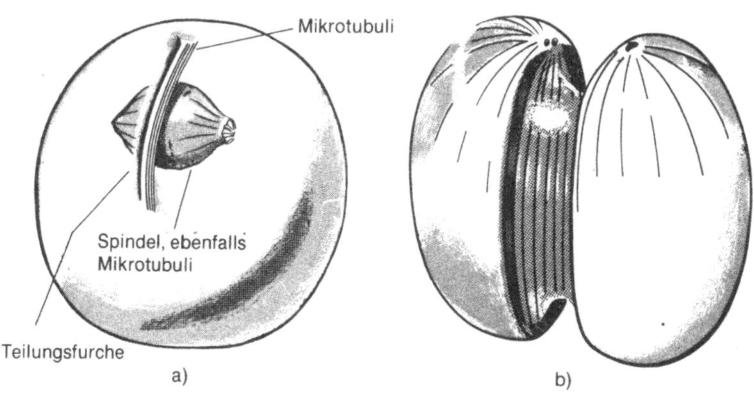



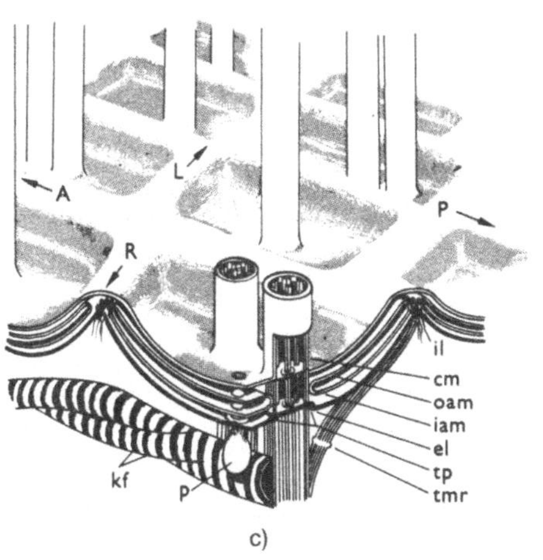



Abb. 4-16  Stützfunktion der Mikrotubuli (a) während der Metapha-
se und (b) Telophase bei Chlamydomonas, von Basalkör-
pern ausstrahlend; (c) unter der Pellicula bei Para-
mecium. kf kinetodesmale Faser; tmr transversale Mikrotubuli; cm,Zellmembran; oam - tp verschiedene Lamellen; L, R, A, P links, rechts, vorn, hinten; il in-
fraciliäres Gitter. (a, b aus Johnson and Porter,1968;
c aus Hufnagle, 1969. J. Cell. Biol. 38 bzw. 40.)

(Abb. 4-17) die elastischen peripheren Dupletts aneinander vorbei (Gleitmechanismus). In Chromatophoren wirken sie möglicherweise bei Pigmentwanderungen während des Farbwechsels mit.

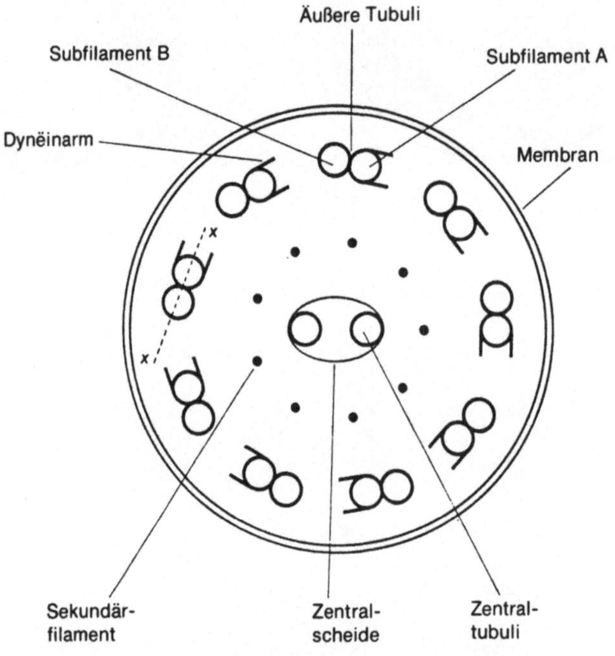


Abb. 4-17  Diagramm des "9+2"-Musters von Mikrotubuli in einer Geißel des Flagellaten T r i c h o n y m p h a . x---x die Axialebene eines Dupletts. (Aus G i b bons und G r i m s t o n e , 1960. J. Biophys. Biochem. Cytol. 7.)

In großer Zahl finden sich Mikrotubuli in den Zellen des Zentralnervensystems; ihre Schädigung könnte als Teil des Wirkungsmechanismus gängiger gasförmiger Anaesthetika angesehen werden. Für diese Annahme sprechen Tierversuche, in denen nach Behand-

lung mit dem Alkaloid Colchicin, das ebenfalls Mikrotubuli in
Untereinheiten zerlegt, eine erhöhte Empfindlichkeit gegen Anaesthetika beobachtet wurde.

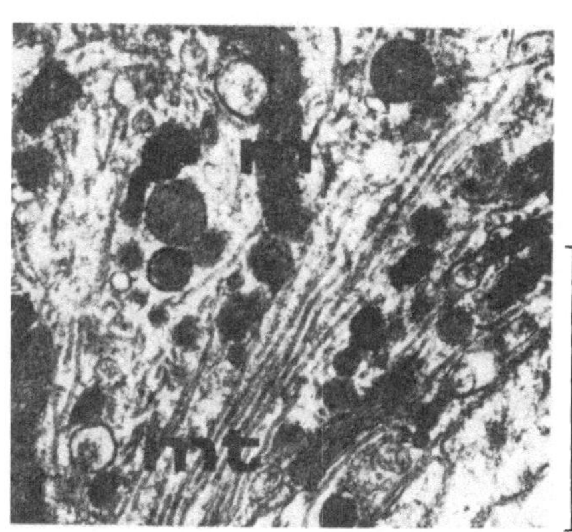


Abb. 4-18
Teil einer Nervenendigung
im Hypophysenhinterlappen
der Ratte mit Neurotubuli.
m: Mitochondrium; mt: Mi-
krotubuli. Maßstab: 1µm.
(Mit Erlaubnis von R. P.
G o u l d.)

## 4.9   Mitochondrien

Diese Organellen werden oft als die "Kraftwerke der Zelle" bezeichnet, da sie für die Produktion des wichtigsten Energielie-
feranten Adenosintriphosphat (ATP) verantwortlich sind. Gewöhnlich haben sie eine kugelige bis längliche Form und sind 1-10 µm
lang und 0,5µm breit, sie können auch in ganz unterschiedlicher
Gestalt vorkommen (Abb. 4-11). Ihre Zahl reicht von fünfzig bis
zu mehreren Tausend bei Vielzellern, je nach Größe und Energieverbrauch der Zelle.

Trotz ihrer Kleinheit besitzen diese Organellen eine sehr komplexe Struktur. Sie bestehen aus zwei Systemen. Eine äußere
Membran stellt die Grenze zum Grundplasma dar; die innere Membran ist durch zahlreiche, verschieden geformte Einstülpungen,
die Cristae genannt werden, in ihrer Fläche stark vergrößert.
Die einzelne Crista ist manchmal mit einer leeren Gummiwärmfla-
sche vergleichbar, deren Hals an der inneren Membran befestigt

ist, so daß das Lumen in offener Verbindung zu der nichtplasma-
tischen Phase zwischen den beiden Membranen steht (Abb. 4-19c).
Die Anzahl der Cristae variiert mit der Stoffwechselaktivität
des Gewebes, aus dem die Organellen stammen. Mitochondrien aus
Herzzellen mit hoher Respirationsrate enthalten selbstverständlich mehr als solche aus den metabolisch weniger aktiven Leberzellen.

Mit Osmiumfixierung und Negativkontrastierung werden auf den
Cristae, nicht aber auf der äußeren Grenzmembran, herausragende
Strukturen sichtbar, die aus einem Stiel mit einem Kopfstück bestehen und an einem Basisstück befestigt sind, das selbst ein
Teil der Cristamembran ist (Abb. 4-19d und e). **Basalteil, Stiel
und Kopfstück** werden zusammen als <u>Elementarpartikel</u> (repeating
unit) bezeichnet. In Mitochondrien aus Rinderherzen trägt ein
$\mu m^2$ der Cristamembran etwa 2000-4000 solcher Partikel, das entspricht ca. $10^4$-$10^5$ im ganzen Mitochondrium. Unsicher ist immer
noch, ob Kopfstück und Stiel tatsächlich aus der Membran herausragen. Da das Kopfstück in Gefrierbruchpräparationen nicht
von der Membran getrennt erscheint, könnten die osmiumfixierten
Präparate künstliche Ausstülpungen zeigen, die für die lebenden
Mitochondrien untypisch sind. Immerhin ist es möglich, die Komponenten der Elementarpartikel lebender Membranen zu trennen und
ihnen verschiedene Funktionen zuzuordnen.

Jedes Mitochondrium enthält mindestens 50 verschiedene Enzyme.
Die meisten vermitteln die Festlegung der in den verschiedenen
Teischritten der Atmungskette freiwerdenden Energie als ATP.
Wichtigstes Stoffwechselsubstrat für die Energieproduktion ist
Glukose, aber auch Produkte des Fett- und Aminosäuremetabolis-
mus können in Mitochondrien ausgenutzt werden. Die Aufspaltung
und Oxidation von Glukose zu $CO_2$ und Wasser bis zur Herstellung
von ATP läuft in einer ganzen Reihe von Teilreaktionen ab, die
in drei Hauptprozesse geordnet werden können: Glykolyse, oxidative Dekarboxylierung (Krebs-Zyklus) und oxidative Phosphorylierung. Nur die Glykolyse findet außerhalb der Mitochondrien
im Zytoplasma statt.

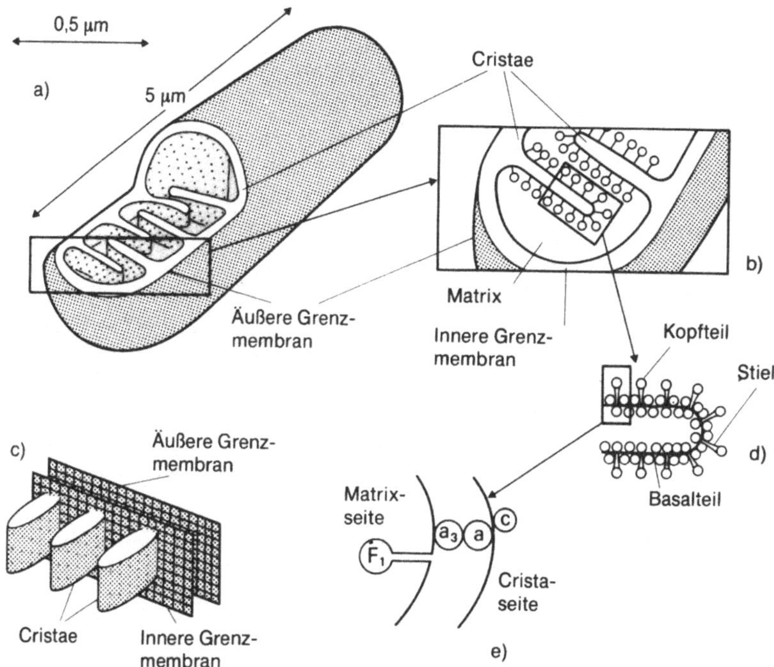



Abb. 4-19   Feinstruktur eines Mitochondriums. a) Modell eines
Mitochondriums, teilweise aufgeschnitten, um die
Cristae zu zeigen; b) Ausschnittsvergrößerung aus a),
man beachte die Kopfstücke an der Cristaoberfläche;
c) Beziehungen zwischen Cristamembran und innerer und
äußerer Grenzmembran; d) Vergrößerung einer Crista,
deren Membran aus den Basalteilen zusammengesetzt ist;
e) Anordnung von Enzymsystemen (Erklärung im Text).
( c aus P e n n i s t o n  et al., 1968. Proc. Nat.
Ac. Sci. 59. e: verändert nach R a c h e r , 1974.
Dynamics of Energy Transducing Membranes. Elsevier
Scientific, Amsterdam.)

Wie komplex die Prozesse der oxidativen Dekarboxylierung und
Phosphorylierung sind, ist aus Abb. 4-20 zu erkennen. Es ist
hier nicht der Ort, auf biochemische Einzelheiten einzugehen.
Die Membransysteme der Mitochondrien stellen die nötigen Stütz-
strukturen dar, auf denen die Enzyme für die aufeinanderfolgen-
den Reaktionsschritte so angeordnet sind, daß der gesamte Prozeß mit maximaler Geschwindigkeit ablaufen kann. Eine enge Ver-
gesellschaftung der verschiedenen Enzyme der Cytochromkette er-
laubt einen besonders raschen Elektronentransfer (Abb. 4-19e).

Die Funktionen der einzelnen Teile der Mitochondrien können
nach Trennung der Bezirke mit Hilfe verschiedener Techniken
des selektiven Aufbrechens der Membranen durch emulgierende
Stoffe (Gallensalze, Detergentien) oder Ultraschall untersucht und bestimmt werden. Dazu werden die Mitochondrienfrag-
mente durch Ultrazentrifugation fraktioniert und biochemisch
analysiert.

Auf diese Weise konnte gezeigt werden, daß 30% des gesamten
Proteins in der eigentlichen Grenzmembran und 70% in den Cristae
enthalten sind. Etwa die Hälfte des Proteins ist in Zusammensetzung und Molekülgröße relativ konstant, unabhängig vom Ort seiner Herkunft im Mitochondrium. Hierbei handelt es sich wahrscheinlich um Strukturproteine. Die übrigen Proteine mit enzy-
matischen Eigenschaften sind auf verschiedene Regionen verteilt.

Unklarheit herrscht noch darüber, wo die am Krebs-Zyklus beteiligten Dehydrogenasen lokalisiert sind, obwohl es neuerlich Hinweise dafür gibt, daß sie sich auf der Matrixseite der inneren
Membran befinden. Den Transport von Metaboliten durch die Grenzmembran besorgt offenbar ein getrennter Carriermechanismus. Die
innere Grenzmembran und die Cristae tragen auch die Enzyme der
oxidativen Phosphorylierung. Ein Enzym ($F_1$), das die ATP-Bildung
an die Atmungskette koppelt, befindet sich in den Kopfstücken der
Elementarpartikel. Fehlt dieses Enzymköpfchen, wie z. B. im Fett-
gewebe der Winterschläfer, so läuft die Atmungskette ohne ATP-
Bildung ab, stattdessen entsteht Wärme. Die Cytochrome für den
Elektronentransfer liegen in den Basalteilen. Ihre genaue Anordnung ist noch fraglich, aber einige Erkenntnisse aus neueren

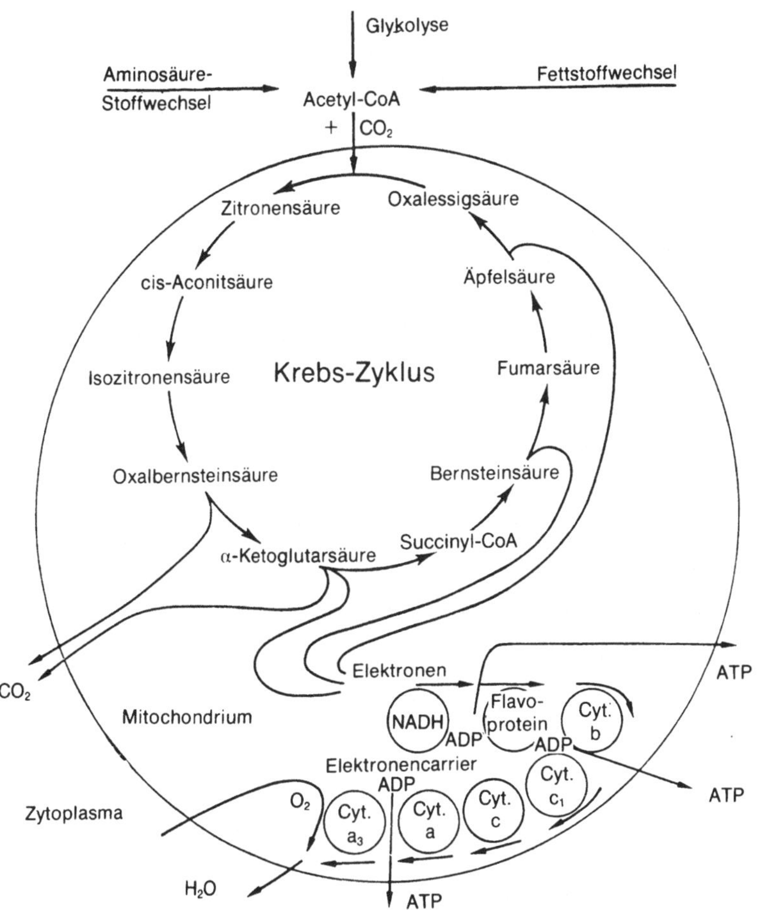



Abb. 4-20   Biochemische Prozesse im Mitochondrium

Untersuchungen lassen vermuten, daß die Basalteile in zwei
Schichten unterteilt sind; die äußere enthält Cytochrom a und $a_3$
und die innere Cytochrom c und $c_1$, zusammen mit Strukturproteinen
(Abb. 4-19e).

Mitochondrien sind oft mit Elementen des ER verbunden, die Membranen beider Systeme zeigen eine gewisse Ähnlichkeit und fusionieren manchmal, zumindest einige Komponenten der äußeren Mitochondrienmembran scheinen vom RER produziert zu werden.

Mitochondrien besitzen eine eigene DNA, sie sind semiautonom, können also einen Teil ihrer Proteine an eigenen Ribosomen mit eigener Boten-RNA bilden, die Polymerase liefert das Zytoplasma. Die Mitochondrien-DNA unterscheidet sich von der DNA des Kerns darin, daß sie ringförmig (häufig mehrere identische Ringe von 5μm Länge) und an der Grenzmembran angeheftet ist. Dieser Befund, der an den Zustand bei Bakterien erinnert, hat die Spekulationen aus dem vorigen Jahrhundert wieder aufleben lassen, ob Mitochondrien vielleicht ursprünglich selbständige Organismen gewesen sein können, die dann eine Symbiose mit urzeitlichen Zellen gebildet haben. Diese Lebensgemeinschaft könnte schließlich bis zu völliger wechselseitiger Abhängigkeit intensiviert worden sein. Neue Befunde, daß Mitochondrien aus Hefezellen im Zygotenstadium Parasexualität und genetische Rekombination aufweisen, fügt der alten Symbiontentheorie ein neues fesselndes Detail hinzu.

## 5 Ursprung, Wechselwirkung und Umsatz von Membranen

Man kann annehmen, daß die Membransynthese in drei Phasen stattfindet: 1. Bildung von Protein und Lipiden, 2. Zusammensetzung
der Lipide und Proteine zu Membran-Untereinheiten und 3. Aufbau
der funktionsfähigen Membran aus den einzelnen Membranelementen.

Die Proteinsynthese findet an den Ribosomen statt, die Synthese
der Fettsäuren, bzw. die Verlängerung der Kohlenwasserstoffketten
an den Außenmembranen der Mitochondrien; darauf erfolgt der Einbau der Fettsäuren in Phospholipide, er wird in der Mikrosomen-
fraktion homogenisierter Zellen gefunden. Da Mikrosomen größtenteils aus dem ER stammen, ist vermutlich vor allem dieses Membransystem für die Produktion von Phospholipiden verantwortlich,
wenn auch Versuche mit $^{32}$P darauf hindeuten, daß sie auch im Golgi-Apparat synthetisiert werden können. Die Bildungsrate der
Phospholipide scheint von der Menge des vorhandenen Membranpro-
teins abzuhängen; denn die Produktion hört auf, wenn nicht genügend Eiweiß zur Verfügung steht.

Die gebildeten Phospholipide und Proteine werden an schon vor-
handenem RER angelagert, das SER entsteht wahrscheinlich aus RER,
entweder durch Verlust der Ribosomen oder durch direkte Synthese
glatter Membranen zwischen den Ribosomen.

Glattes ER reicht oft bis nahe an den Golgi-Apparat heran und vom
Retikulum abknospende Bläschen können mit Golgi-Vesikeln verschmelzen. Es ist aber nicht wahrscheinlich, daß die Membranen
der beiden Systeme streng homolog sind, wie auch die Membranen
des SER sicher nicht die einzige Quelle für die Bildung von
Golgimembranen sind.

Wenn die Fusion von Membranen als ein Hinweis auf nähere Ver-
wandtschaft gewertet werden kann, dann scheint die Golgimembran
eher Gemeinsamkeiten mit der Plasmamembran zu haben als mit der
des SER. Obwohl die Diskussion noch nicht abgeschlossen ist, erscheint es jedoch zweifelhaft, daß das ER sich je mit der Plasma-

membran verbindet. Golgimembranen hingegen liefern die Hüllen
der primären Lysosomen, und diese fusionieren dann mit den Membranen der Phago- oder Pinocytosevesikel, die ja von der Plasmamembran abgetrennt werden.

Sicher gibt es aber eine enge Beziehung des endoplasmatischen
Retikulums zur Kernmembran. Man weiß, daß in Eizellen die Kernmembran Mikrovesikel abschnürt, die später zu Ringlamellen umgeformt werden. Die Mikrobläschen der Ringlamellen gehen gelegent-
lich ins RER über. Außerdem trägt die Kernmembran nicht nur häufig Ribosomen (wie das RER), sondern sie bildet, wenn sie während der Mitose aufbricht, Membranvesikel, die dem ER ähnlich
sind. Entsprechend werden dann nach abgeschlossener Mitose die
neuen Kernmembranen aus dem ER heraus neugebildet.

Völlig verschieden von den übrigen Membranen der Zelle sind die
inneren Membranen der Mitochondrien und der Plastiden. Sie werden durch Einbau neuer Elemente in bereits bestehende Membranen
gebildet, gefolgt von einer Selbstverdopplung dieser (semiauto-
nomen) Organellen. Gehen alle diese Organellen einer Zelle verloren, so können sie (außer vielleicht im Falle von Chloroplasten bei Farnen) nicht de novo gebildet werden. Zentriolen und
Basalkörper vermehren sich möglicherweise auch durch Selbstverdopplung, wenn auch neuerdings angenommen wird, daß Neubildung
von Zentriolen ohne bereits vorhandenes Zentriolenmaterial vorkommt.

Die Außenmembranen der Mitochondrien enthalten, im Gegensatz zu
den inneren, anscheinend Komponenten, die aus dem ER stammen.

Unter Berücksichtigung dieser Charakteristika können die Membranen in drei Gruppen ("Familien") eingeteilt werden:

(1)  Kernmembranen
     Ringlamellen
     Rauhes endoplasmatisches Retikulum
     Glattes endoplasmatisches Retikulum
     Außenmembranen der Mitochondrien
     Cytosomenmembranen

(2)  Golgi-Apparat
     Primäre Lysosomen
     Heterophagosomen
     Sekundäre Lysosomen
     Plasmamembranen
     Multivesikulärkörper

(3)  Innenmembranen der Mitochondrien


Diese Einteilung ist jedoch recht willkürlich; im folgenden Abschnitt wird gezeigt werden, daß Stücke aus dem Abbau von Plasmamembranen sowohl in Golgimembranen als auch in das ER inkorporiert werden können, obwohl doch diese Membranen zu verschiedenen "Familien" gehören.


## 5.1  Umsatz von Membranen (Membranfluß)


Der Refrain des alten Lagerfeuerliedes, der sich mit dem Wohlbefinden eines alternden Vierbeiners beschäftigt:"Die alte graue Mähre ist nicht mehr, was sie war", enthält zweifellos mehr Wahres,zum Thema Membranfluß und Zellerneuerung, als sein Verfasser ahnen konnte. Fast alle Bestandteile unseres Körpers werden beständig ausgewechselt, so daß, außer der DNA von Zellkernen, Teilen der Knochenstruktur und vielleicht ein paar Lipiden im Myelin, keiner von uns heute aus denselben Molekülen besteht wie vor einem Jahr. Auch ganze Zellen in vielen Geweben werden ersetzt. Nerven- und Muskelzellen sind langlebig, aber in einigen Geweben erfolgt der Zellumsatz relativ schnell. So leben menschliche Erythrocyten durchschnittlich etwa 130 Tage, Epithelzellen, die den Dünndarm auskleiden, nur etwa 1-4 Tage. Der jeweilige Ersatz abgestorbener Zellen allein würde schon eine erhebliche Menge neuzubildender Membranen erfordern, selbst wenn nicht noch zusätzlich der Umbau der Membranen in den bestehenden Zellen zu bewältigen wäre. Denn tatsächlich sind ja die Membranen von Zellen in keiner Weise stabil. Mitochondrien in Leberzellen werden besonders häufig, eines alle 15min, abgebaut, die halbe Proteinmenge des ER in Leberzellen (Ratte) wird alle 90 Stunden ausgetauscht, und die Zeit für die Lipidersetzung ist noch kürzer.

Der Umsatz von Membranen wurde durch Messungen der Einbaurate
von radioaktivem Phosphor, $^{32}$P, in die Zytomembranen von Pan-
kreaszellen untersucht. Nach kurzer Zeit findet sich der größte
Teil des Tracers in Form von Phosphatidyinositol eingebaut und
in geringer Menge in Kolaminphosphatid (vgl. Tabelle 7). Das vorherrschende Phospholipid, Lecithin, enthält nur wenig Tracer, es
scheint also erheblich langsamer ersetzt zu werden als die anderen beiden. Diese Ergebnisse stützen die Theorie, daß es ein
Recycling von Membrankomponenten innerhalb der Zelle gibt und
einzelne Teile der alten Membranen ohne Synthese neuer Bausteine
wiederbenutzt werden können. P a l a d e  u. a. zeigten, daß
α-Chymotrypsinogen, die Vorstufe eines Verdauungsenzyms der
Bauchspeicheldrüse, in den Ribosomen des RER synthetisiert und
zunächst in Zisternen des RER gebracht wird. Anschließend erfolgt der Transport in Vesikeln des RER zum Golgi-Apparat. In
der Golgi-Region verschmelzen die verschiedenen Vesikel und
formen Zymogengranula mit kondensiertem Enzym, die nun ihrer-
seits zur Zelloberfläche wandern. Die Membran des Granulum verbindet sich mit der Plasmamembran, wodurch der Inhalt exocyto-
tisch freigesetzt wird. In solchen Prozessen nimmt die Menge der
Plasmamembran durch das Hinzukommen der Vesikelmembran zu, während die Membranfläche von RER und Golgi-Apparat entsprechend
verringert wird. Um diesen Verlust zu kompensieren, wird eine
gleich große Membranfläche, vielleicht sogar die eingebaute, in
der Plasmamembran in Untereinheiten zerlegt und abgelöst. Da nun
bekanntlich der Lecithin-Umsatz sehr langsam ist, verglichen mit
dem von Phosphatidylinositol, nimmt H o k i n  an, daß Lecithin
zusammen mit Protein in den Membranen relativ stabile Einheiten
bildet, während Phosphatidylinositol eher eine verbindende Funktion übernimmt. Nach diesem Konzept würde dann Phosphatidylinositol als Mörtel in der Membranwand aus Lecithin-Protein-
Ziegeln fungieren. Sind diese Lecithin-Protein-Einheiten einmal
aus der Plasmamembran gelöst, werden sie wahrscheinlich durch
das Zytoplasma transportiert und in die Membranen des RER und
Golgi-Apparats eingebaut, um die Membranverluste bei der anfäng-
lichen Verpackung der Verdauungsenzyme wieder auszugleichen. Die
beobachtete Synthese von Phosphatidylinositol, die diesen Vorgang begleitet, würde dann den Mörtel für den Einbau der Ziegel
in die neuen Membranen liefern (Abb. 5-1).

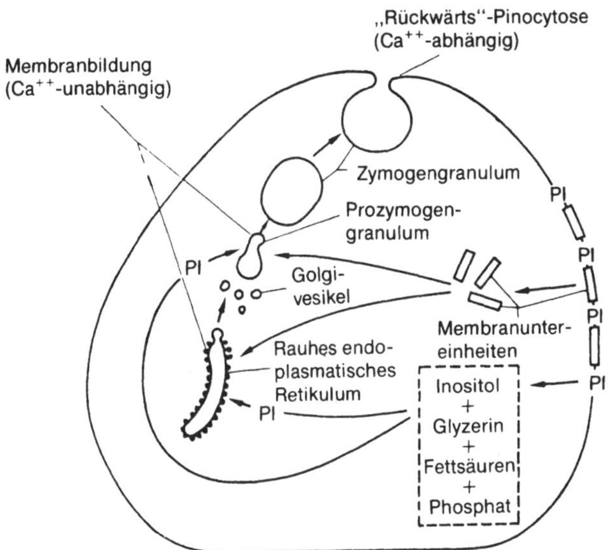



Abb. 5-1  Schema zur Erläuterung der Hypothese vom Membranfluß
          durch Verlagerung von Untereinheiten. Membran, die
          durch Fusion mit dem Zymogengranulum der Plasmamembran
          hinzugefügt wurde, wird in Untereinheiten aufgebrochen
          und gleicht die Membranverluste am RER und Golgi-Appa-
          rat bei der Bildung von Vesikeln und Granula aus. Für
          die Verknüpfung der Untereinheiten ist wahrscheinlich
          Phosphatidylinositol (PI) verantwortlich.
          (Aus  H o k i n , 1968. Int. Rev. Cytol. 23.)

Offensichtlich werden die für diese Synthese erforderlichen Fettsäuren der Phospholipide mehrmals wiederbenutzt; im ER ist die
Halbwertszeit für den Fettsäureaustausch länger als die für die
polaren Endgruppen der Phospholipide.

Besonders deutlich kann dieser Umsetzungsprozeß, wie er oben angenommen wird, an den Plasmamembranen von Amöben demonstriert
werden. Ein vorbereiteter fluoreszierender Antikörper, der lange

nachweisbar bleibt, wird an der Außenmembran adsorbiert. Das gesamte fluoreszierende Material ist dann innerhalb von 24 Stunden
als Folge der Ersetzung und Eingliederung von neuen Bestandteilen in die vorhandenen Membransysteme in das Innere der Zelle
verlagert.

Da die Menge eines Membransystems durch das dynamische Gleichgewicht zwischen der Bildungs- und der Abbaurate bestimmt wird,
ist es möglich über die Beeinflussung dieser Raten sowohl die
Menge als auch die Eigenschaften einer gegebenen Membran zu verändern. Solch ein Effekt wird in Zellen nach Cortisonbehandlung
beobachtet; dieses Steroid verursacht eine Verminderung der Membranen von SER, RER und Kern.

## 6    Passage gelöster Stoffe durch Membranen

Eine der faszinierendsten Eigenschaften biologischer Membranen
ist ihre Fähigkeit, den Durchtritt einzelner Substanzen einzu-
schränken und die Bewegung anderer zu gestatten oder sogar zu
unterstützen. Die Lipidschichten der Zellmembranen (s. S. 20)
sind ein wichtiger Faktor bei der Einschränkung der Permeabilität. Seit langem weiß man, daß fettlösliche Substanzen gewöhnlich leichter als wasserlösliche durch Zellmembranen passieren.
So dringt z. B. die fettlösliche Buttersäure schneller in die
Zelle ein als gleich stark konzentrierte Salzsäure.

Dennoch durchdringen auch wasserlösliche Substanzen die Membranen, entweder indem sie durch Poren in der Barriere der Lipidschicht gelangen oder indem sie durch Mechanismen, die selbst
Teil der Membranstruktur sind, aktiv transportiert werden. Es
gibt sechs Möglichkeiten, fettunlösliches Material durch Membranen zu schleusen:

(1)  Diffusion einem Konzentrationsgradienten folgend
(2)  Diffusion einem elektrischen Gradienten folgend
(3)  Aktiver Transport
(4)  Austauschdiffusion
(5)  Massenfluß
(6)  Pinocytose

Die verschiedenen Wege, auf denen Wasser selbst Membranen
durchquert, sollen später behandelt werden.

## 6.1  Diffusion einem Konzentrationsgradienten folgend

Alle gelösten Stoffe tendieren dahin, ein Konzentrationsgefälle
durch Diffusion auszugleichen, wenn sie nicht von anderen Faktoren beeinflußt werden. In gleicher Weise diffundieren gelöste
Stoffe durch Membranen gewöhnlich von der Seite mit hoher zu der
mit niedriger Konzentration. Beispiel für diesen Vorgang ist die
Diffusion von Sauerstoff durch die Epithelmembranen der Lunge

und durch die Zellmembranen im Körpergewebe.

In biologischen Systemen ist es wichtig, die Nettopassage von
Stoffen durch eine Membran aufrechtzuerhalten. Es gibt deshalb
Mechanismen, die eine Anhäufung der diffundierenden Substanzen,
nachdem sie die Membran durchquert haben, verhindern sollen.
Das klassische Beispiel hierfür ist die Passage von Glukose aus
dem Darm ins Blut. T r e h e r n e  konnte bei Heuschrecken zeigen, daß die Glukose durch Diffusion vom Darmlumen ins Blut gelangt. Das Konzentrationsgefälle wird durch die Umwandlung der
Glukose in das Disaccharid Trehalose mit Hilfe des Fettkörpers
aufrecherhalten. Dadurch kann Glukose weiter ins Blut diffundieren, die größeren Disaccharide gelangen jedoch nicht aus dem
Blut zurück in den Darm.


## 6.2   Diffusion einem elektrischen Gradienten folgend

Geladene Teilchen werden durch elektrische Felder beeinflußt
und können gegen ein Konzentrationsgefälle diffundieren, wenn
die elektrische Potentialdifferenz ausreichend groß ist. Da
elektrische Potentialunterschiede von einigen wenigen bis zu
100mV an den meisten Epithel- und Zellmembranen auftreten,
kommt diesem Prozeß große Bedeutung für die Verteilung von geladenen Substanzen, besonders anorganischen Ionen, zu.

Konzentrationsgradient und elektrischer Gradient für ein Ion
sind im Gleichgewichtszustand, wenn folgende Gleichung erfüllt
ist:

$$zFE = RT \ln ( C_1/C_2 )$$

wobei z die Wertigkeit des Ions darstellt, E die elektrische
Potentialdifferenz über der Membran, F die Faraday'sche Zahl
(96 493 Coulomb/Grammäquivalent), R das Gasvolumen, T die absolute Temperatur in K  und $C_1$ und $C_2$ die jeweilige Ionenkonzen-
tration auf beiden Seiten der Membran. ln bedeutet, daß der Wert
von $C_1/C_2$ als natürlicher Logarithmus steht; dies ist der 2 303-
fache Wert des dekadischen Logarithmus.

Durch elektrische Potentialdifferenzen werden erhebliche Konzentrationsunterschiede einzelner Ionen über der Membran aufrechterhalten. Eine Potentialdifferenz von etwa 58mV (mit entsprechendem Vorzeichen) kann einen Konzentrationsgradienten von 1 : 10 für ein monovalentes Ion aufbauen. Die Chloridkonzentration vieler Zellen wird sehr wahrscheinlich nach diesem Prinzip eingestellt, Chloridausstrom dem elektrischen Gradienten folgend gleicht dabei den Einstrom mit dem Konzentrationsgefälle wieder aus.

## 6.3  Aktiver Transport

Es ist sicher nicht übertrieben, bei Membranen aller lebenden Zellen die Fähigkeit vorauszusetzen, daß sie wenigstens eine Substanz auf dem Weg über aktive Stoffwechselvorgänge transportieren. Aktiver Transport bedeutet hier, daß die Substanzen entgegen der Richtung transportiert werden können, in die sie unter dem Einfluß des oben beschriebenen elektrischen oder Konzentrationsgradienten diffundieren würden. Um Material gegen einen elektrochemischen Gradienten zu befördern, muß Arbeit geleistet werden; die dazu notwendige Energie bezieht die Membran aus Stoffwechselprozessen.

Eine recht große Anzahl Substanzen ist bekannt, die zumindestens von einigen Membranen aktiv transportiert werden; am besten untersucht wurden bisher anorganische Ionen, Aminosäuren und Kohlenhydrate.

## 6.3.1 Aktiver Natriumtransport

Viele der biologisch wichtigen anorganischen Ionen, so etwa Calcium, Magnesium, Chlorid, Kalium, Phosphat usw., werden von besonders spezialisierten Zellen, wie denen des Darms und der Ausscheidungsorgane, aktiv transportiert; nur Natrium kann von sämtlichen tierischen Zellen transportiert werden. Alle diese Zellen können durch ihre Membranen Natrium aktiv nach außen pumpen; allerdings ist dieser Mechanismus bei einigen Zellen,

wie z. B. den roten Blutkörperchen der Katze, die zudem intra-
zellulär eine hohe Natrium- und niedrige Kaliumkonzentration
haben, nur schwach ausgebildet. Die universelle Verbreitung des
Natriumtransports ist vermutlich mit einer während der Evolution
notwendig gewordenen Regulation des Zellvolumens zu erklären.
Wird für ein hypothetisches Zellmodell angenommen, es sei von
endlicher Permeabilität für anorganische Ionen und Wasser und
würde in eine isotonische Salzlösung eingebracht, so diffundieren Natrium- und Chloridionen dem Konzentrationsgradienten folgend in die "Zelle". Ionengleichgewicht ist erreicht, wenn

$$\frac{\left[Na\right]_i}{\left[Na\right]_a} = \frac{\left[Cl\right]_a}{\left[Cl\right]_i}$$

wobei $Na_i$ und $Cl_i$ die Na- bzw. Cl-Konzentration innerhalb der
Zelle, $Na_a$ und $Cl_a$ die Konzentration außerhalb bedeuten.
Enthält aber dieses Modell Substanzen, wie etwa Proteine, die
nicht die Membran durchdringen können, dann ist die osmotische
Konzentration in der Zelle am Punkt des Ionengleichgewichts
größer als in der Außenlösung. Um fortgesetzten Wassereintritt
zu verhindern, müßte die Membran entweder stark genug sein,
einem zunehmenden hydrostatischen Druck im Innern standzuhalten,
der groß genug wäre, einen Nettoeinfluß von Wasser zu verhindern,
oder sie müßte einen anderen Mechanismus gegen Wassereinstrom
besitzen. Vermutlich gab es schon für die frühen Formen des Lebens im Meer dasselbe Problem. Die Entwicklung eines Pumpmecha-
nismus, der das eingedrungene Natrium wieder hinausbefördern
kann, schuf die grundlegende Voraussetzung für eine Volumenre-
gelung. Nach allgemeiner Ansicht regulieren die heutigen Zellen
ihre Größe nach dem folgenden Prinzip:

In die Zelle diffundiertes Natrium wird aktiv durch die Plasmamembran nach außen gepumpt. Die Abgabe eines positiv geladenen
Ions muß aber durch die Aufnahme einer gleichen Ladung in die
Zelle ausgeglichen werden, hier durch die Aufnahme von Kaliumionen. Die $K^+$-Ionenkonzentration innerhalb der Zelle wird so auf
ein hohes Niveau gebracht und dadurch tendieren die $K^+$-Ionen,
den Konzentrationsgradienten hinab nach außen zu diffundieren.

Da jedoch die hauptsächlichen Anionen der Zelle Proteine sind,
die nicht durch die Membran nach außen entweichen können, schafft
jedes in die Außenlösung abgegebene $K^+$-Ion einen Verlust elektrischer Ladung und damit einen Potentialunterschied über der Membran. Dieses Potential erreicht einen Wert, bei dem der elektro-
chemische Gradient für Kalium über der Membran Null wird und es
keinen weiteren Nettoverlust für Kalium gibt (Abb. 6-1). Die
Potentialdifferenz über der Membran kontrolliert die Verteilung
von Chloridionen durch die Membran folgendermaßen:

$$E = \frac{RT}{F} \ln(Cl_i/Cl_a)$$

wobei R die Gaskonstante ist, T die absolute Temperatur, F die
Faraday-Konstante, E das Membranpotential und $Cl_i$ und $Cl_a$ die
innere und äußere Chloridkonzentration. Als Ergebnis dieser verschiedenen Effekte, die letztlich alle durch den Natrium-Aus-
strömungsmechanismus in der Zellmembran bewirkt sind, wird die
Zelle in ein osmotisches Gleichgewicht mit der umgebenden Flüssigkeit gebracht. *

Eine Beeinträchtigung der Aktivität der Natriumpumpe führt zu
einer Störung des Wassergehalts der Zelle. So ist in roten Blutkörperchen nach Abkühlung bis nahe an den Gefrierpunkt der Was-
ser- und Natriumgehalt erhöht, gleichzeitig kommt es zu einem
Kaliumverlust.

Wiedererwärmung der Zellen auf Körpertemperatur führt bei Anwesenheit von Metaboliten (Glukose) zur Extrusion des überschüssigen Natriums und der Wiederaufnahme des verlorenen Kaliums.
Auch ein großer Teil des überschüssigen Wassers wird entfernt.

---

* Diese Erläuterungen für ein zelluläres osmotisches Gleichgewicht sind sicher stark vereinfacht. Erhebliche Widersprüche bestehen weiter. Für eine Gegendarstellung s. R o b i n s o n ,
1965. Symp. Soc. exp. Biol. 19.

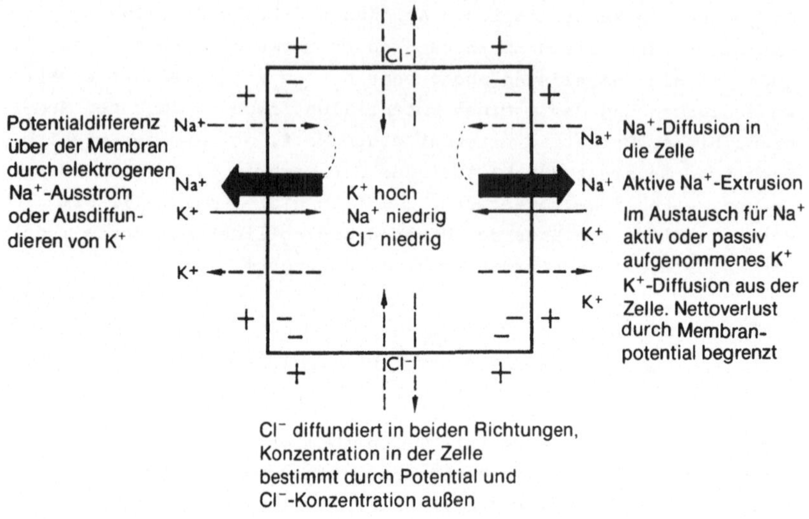


Abb. 6-1  Ionenbewegungen durch die Plasmamembran von Zellen,
die für die Erzeugung des Membranpotentials und für
die Regulierung des Wassergehalts der Zelle verantwortlich sind.

Auf welche Weise der aktive Natriumtransport im einzelnen vor
sich geht, ist noch nicht aufgeklärt. Einzelheiten des Pro-
zesses gelten jedoch als gesichert: 1. Der Mechanismus benötigt
Energie und benutzt ATP als Energiequelle, 2. Energieverbrauch
und Anzahl der transportierten Na⁺-Ionen stehen in einem direkten Verhältnis zueinander, 3. Ein Enzym, das ATP spaltet und
spezifisch von Natrium oder Kalium aktiviert wird, spielt eine
fundamentale Rolle, 4. Die Transportrate von Natrium wird verringert, wenn die Kaliumkonzentration der Außenlösung erniedrigt oder aber gegenüber der Natriumkonzentration im Zellinnern erhöht ist.

ATP scheint die hauptsächliche, wenn nicht die einzige Energiequelle für den Natriumtransport zu sein; selbst nahe verwandte
Verbindungen mit energiereichen Phosphatbindungen können ATP

nicht ersetzen. In roten Blutkörperchen werden pro gespaltenes
Molekül ATP drei Natriumionen durch die Membran transportiert,
eine Zahl, die gut mit dem Wert von zwei bis drei Natriumionen
pro Phosphatbindung übereinstimmt, der für den Natriumtransport
in der Froschhaut errechnet wurde. Versuche mit Froschhaut und
anderen Geweben ergaben, daß das Verhältnis zwischen Natriumtransport und Energieverbrauch konstant ist, unabhängig vom
elektrochemischen Gradienten, gegen den das Natrium bewegt wird.
Aus thermodynamischen Erwägungen wäre ein anderes Ergebnis zu
erwarten. Das aufzubringende Minimum an Arbeit sollte mit dem
Gradienten variieren nach der Gleichung:

$$W = RT \ln(\left[Na_i/Na_a\right]) + FE$$

wobei W Arbeit bedeutet und die anderen Symbole die oben ange-
gebene Bedeutung haben. Da diese Beziehung zum elektrochemischen
Gradienten nicht besteht, kann man voraussetzen, daß die Lei-
stungsfähigkeit des Systems mit dem Gradienten variiert, in dem
Sinne, daß bei großem Gefälle die höchste Arbeitsleistung für
den Bergauftransport des Natriums erbracht wird.

Eine $Na^+,K^+,Mg^{++}$-aktivierte ATPase konnte aus den Zellmembranen
roter Blutkörperchen und Nervenaxone von Tintenfischen isoliert
werden; beides sind Orte hohen Natriumtransports. Einige Schafrassen haben Erythrocyten mit atypisch hoher intrazellulärer
Natriumkonzentration, und hier ist der Anteil des ATP-spaltenden
Enzyms extrem gering. Entsprechend findet sich bei anderen
Schafrassen in roten Blutkörperchen mit niedrigem Natriumgehalt
erheblich mehr ATPase in den Zellmembranen. Auch die natrium-
armen Erythrocyten des Menschen enthalten größere Mengen Enzym,
dagegen sind die natriumreichen Blutzellen der Katze arm an
ATPase. Die logische Schlußfolgerung aus diesen Befunden ist,
daß die ATPase bei der Energieversorgung für den Natrium-Aus-
wärtsstrom eine wesentliche Rolle spielt.

Für den Ionentransport durch Epithelmembranen, z. B. in Kieme,
Darm und Nierentubulus, sind eine Reihe von Einrichtungen notwendig, die beim Transport durch Membranen einzelner Zellen
fehlen können. Besonderheit der Epithelzellen ist, daß die Ionen

durch eine Oberflächenmembran in die Zelle hinein- und durch
eine andere hinausbefördert werden müssen (Abb. 6-2). Die Membranen der Außen- und Innenseite der Epithelzelle sollten deshalb verschiedene Eigenschaften haben. Im Unterschied zur Membran anderer Zellen ist außerdem der Natriumtransport nicht von
einem Austausch gegen Kalium abhängig. Schließlich müssen Epithelzellen an Körperoberflächen die Fähigkeit zu aktivem Transport von Chlorid ebenso wie von Natrium besitzen. Tiere neigen
dazu, Natrium und Chlorid in unterschiedlicher Menge zu verlieren, also muß auch die Aufnahme von Natrium und Chlorid
durch voneinander unabhängige Mechanismen erfolgen können.
Solch ein unabhängiger Natrium- und Chloridtransport an Körper-

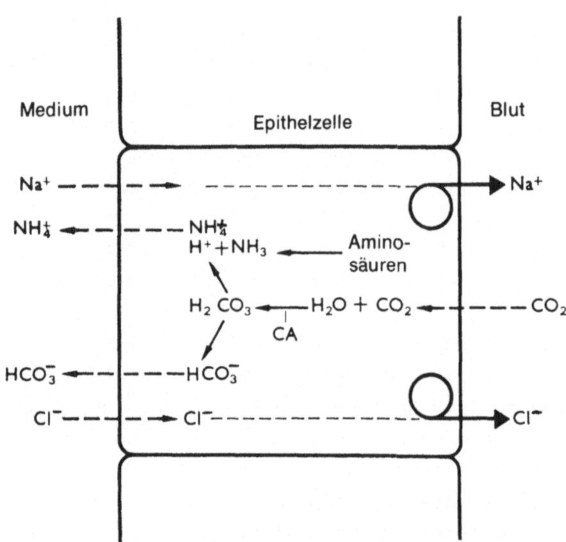


Abb. 6-2  Aufnahme von NaCl in Kiemen von Süßwasserfischen.
Na$^+$-Aufnahme im Austausch gegen NH$_4^+$-Ionen, die z. T.
aus der Desaminierung von Aminosäuren stammen. Cl$^-$
gegen HCO$_3^-$ (Ionisierung von H$_2$CO$_3$), aktiver Na$^+$-und
Cl$^-$-Transport ins Blut. (nach M a e t z  und  R o -
m e u , 1964. J. Gen. Physiol. 47.)

oberflächen konnte bei Fischen, an der Froschhaut und an Kiemen
von Crustaceen nachgewiesen werden. Der Flußkrebs kann beispielsweise Chlorid aus NaCl, KCl, $CaCl_2$ und $NH_4Cl$ und Natrium aus
NaCl, $NaNO_3$, $Na_2SO_4$ und $NaHCO_3$ aufnehmen. Außer im Falle von
NaCl wird niemals das andere Ion gleichzeitig mit aufgenommen.
Nun kann, wie an der einzelnen Zelle, die Aufnahme eines einzelnen Ions durch das Oberflächenepithel nur dann erfolgen, wenn
entweder ein Ion entgegengesetzter Ladung gleichzeitig mit aufgenommen wird oder aber ein Ion gleicher Ladung abgegeben wird.
S h a w  stellte fest, daß beim Flußkrebs die Natriumaufnahme
zum großen Teil im Austausch gegen Ammonium-und Wasserstoffionen
erfolgt, während Chlorid-gegen Bikarbonationen ausgetauscht werden. Die aufgenommene Höchstmenge von NaCl ist jedoch etwas größer als der Ammoniumverlust aus dem Körper, so daß ein Teil der
Natriumaufnahme offenbar direkt durch Chloridaufnahme ausgeglichen wird.

Auf ähnliche Weise werden beim Goldfisch Natrium gegen Ammonium
und Chlorid gegen Bikarbonat ausgetauscht. Von erheblicher Bedeutung für die Produktion von Ammonium- und Bikarbonationen ist
das Enzym Carboanhydrase (CA), das die Reaktion

$$H_2O + CO_2 \xrightarrow{\text{CA}} H_2CO_3 \rightleftharpoons H^+ + HCO_3^-$$

katalysiert. Wird es durch Injektion von Acetazolamid gehemmt,
so verringert sich die Transportrate von Natrium und Chlorid.
Welche Rolle die Carboanhydrase vermutlich spielt, ist in Ab-
bildung 6-2 dargestellt. $CO_2$ diffundiert aus dem Blut in die
Epithelzellen und wird durch das Enzym in $H_2CO_3$ umgewandelt.
Nach Ionisierung bildet es das notwendige Bikarbonat für den
Chloridaustausch und Protonen. Aus dem Aminosäureabbau anfallen-
des $NH_3$ verbindet sich mit den Wasserstoffionen, wodurch Ammo-
niumionen für den Austausch gegen Natriumionen zur Verfügung
stehen. Möglicherweise kann zunächst auch ein Austausch von
Natrium- gegen Wasserstoffionen erfolgen, solange Ammonium noch
nicht vorhanden ist. Sind Natrium- und Chloridionen erst einmal
in die Zelle gelangt, können sie durch aktiven Transport über

die innere Membran der Epithelzelle ins Blut weitergegeben
werden.


6.3.2  <u>Ursachen für verschiedene Natrium-Transportraten</u>

Die Menge des durch Epithelien transportierten Natriums wird
durch verschiedene Faktoren beeinflußt. Es gibt zwei Gruppen,
intrinsische Faktoren, deren Ursache innerhalb des Körpers
liegt, und extrinsische, die durch äußere Einflüsse entstehen.
Wichtigster innerer Faktor sind die Hormone. Schwankungen der
Natriumkonzentration im Blut oder des Blutvolumens rufen stets
Veränderungen der Menge des zirkulierenden Hormons hervor, das
die Aktivität der Epithelien an der Körperoberfläche, etwa in
Kiemen oder Nierentubuli, beeinflußt. Das Hormon mit der größten
Wirkung auf den Natriumtransport ist bei den Vertebraten das
Steroid Aldosteron.

*Aldosteron*

Aldosteron wirkt auf Zellen, die für den Natriumtransport Bedeutung haben, indem es dort die Eiweißsynthese stimuliert. Die
Natur der neugebildeten Proteine ist unbekannt, aber es kann
sich hier durchaus um eine für den Transportmechanismus von Natrium notwendige Komponente der Membran handeln. Mit anderen
Worten: ein Tier reagiert auf ein Ionenungleichgewicht mit einer
Änderung der Zahl der Transportstellen. Ob dies durch regelmäßige Membranersetzung oder spezifische Neueingliederung in be-

stehende Membranen erfolgt, ist ungeklärt. Ein vergleichbares
Hormon konnte bei Wirbellosen nicht gefunden werden.

Im Gegensatz hierzu scheinen die extrinsischen Faktoren die
Natrium-Transportrate dadurch zu beeinflussen, daß der Transport an bereits bestehenden Membranorten verstärkt wird. Wichtige extrinsische Faktoren sind Temperatur, pH-Wert, Natrium-
und Ammoniumkonzentration.

Als chemischer Vorgang wird der Natriumtransport selbstverständlich von der Temperatur beeinflußt. Hiervon werden Säuger und
Vögel nicht betroffen, da sie eine konstante Körpertemperatur
besitzen. Bei allen wechselwarmen (poikilothermen) Tieren aber
führt eine Erhöhung der Außentemperatur innerhalb des physiologischen Bereichs des betreffenden Tiers zu einer Erhöhung der
Transportrate.

Der Einfluß der Natriumkonzentration der Außenlösung auf die
Resorptionsrate ist gering. So ändert sich z. B. die Aufnahme-
rate von Natrium beim Flußkrebs erst dann, wenn im Medium die
Konzentration auf etwa 1 mEq/l (23mg/l) abgesunken ist. Bei niedrigeren Werten ist die Aufnahmekapazität des Tieres dann allerdings von der äußeren Natriumkonzentration abhängig, sie vermindert sich umso mehr, je schwächer die Konzentration ist. Der
Kurvenverlauf, der sich aus dem Verhältnis von Natriumaufnahme
zu -konzentration in der Außenlösung ergibt, ist hyperbolisch
(Abb. 6-3). Diese Gestalt ist zu erwarten, wenn man einen
Carriermechanismus für den Natriumtransport durch die Epithelmembran voraussetzt. Bei niedriger Natriumkonzentration im Medium wird dieser Carrier vermutlich nicht voll abgesättigt.

Um das halbe Maximum des Natriumtransports zu erreichen, bedarf
es bei den verschiedenen Tieren sehr unterschiedlicher Außen-
konzentration. Einige, wie etwa die Strandkrabbe C a r c i n u s
brauchen ziemlich hohe Natriumkonzentrationen, um die Transportstellen zu saturieren. Arten, die im stärker verdünnten Medium
leben, besitzen Transportmechanismen, die auch bei viel geringerer Konzentration schon ihre maximale Kapazität erreichen
(Tabelle 8).

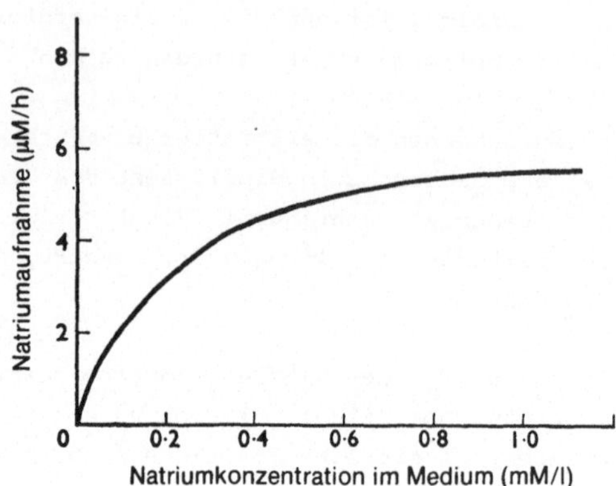



Abb. 6-3  Beziehung zwischen Natriumkonzentration des Mediums
und Natriumaufnahme beim Flußkrebs. (Vereinfacht
nach S h a w , 1959. J. exp. Biol. 36.)


Tabelle 8  Natriumkonzentration der Außenlösung für das halbe
Maximum der Natriumtransportrate bei Crustaceen aus
verschiedenen Habitaten.

| Tierart | Lebensraum | Konzentration ($K_M$ (mE/Na) |
| --- | --- | --- |
| Marinogammarus marinus | Meerwasser | 6,0 - 10,0 |
| Gammarus duebeni | Brackwasser | 1,5 - 2,0 |
| Gammarus pulex | Süßwasser | 0,1 - 0,15 |
| Sphaeroma serratus | Meerwasser | 15,0 |
| Sphaeroma rugicauda | Brackwasser | 2,3 |
| Mesidotea entomon | Brackwasser (Ostsee) | 12,0 |
| Mesidotea entomon | Süßwasser (Vättersee) | 1,23 |

Aus dieser Tabelle geht klar hervor, daß die Süßwasserformen
während des Verlaufs ihrer Entwicklung aus Vorfahren im Meer
Modifikationen in ihrem Transportsystem gebildet haben müssen,
die es dem Mechanismus ermöglichten, bei niedrigen Natriumkonzentrationen effektiv zu arbeiten.

Schließlich muß die Wirkung von Veränderungen des pH-Werts und
der Ammoniumkonzentration auf die Natriumaufnahme berücksichtigt
werden. Erhöhung der Wasserstoffionenkonzentration und der Ammoniumkonzentration neigen beide dazu, die aktive Natriumaufnahme
zu vermindern. Vermutlich hängt das mit kompetitiven Wechselwir-
kungen im Natrium-Ammonium-Austauschprozeß zusammen.


6.3.3 <u>Transport organischer Substanzen</u>


Zahlreiche organische Substanzen wie Glukose und andere Mono-
saccharide, Aminosäuren, Pyrimidine, Gallensalze, Phenolrot,
Penicillin usw. können zumindestens von einigen Membranen gegen
ein offensichtliches Konzentrationsgefälle transportiert werden.
Viele der Transfermechanismen zeigen Übereinstimmung in einzelnen Schritten, was auf ein gemeinsames Grundprinzip hindeutet.
Besonders auffällig ist die Rolle des Natriums, dessen Anwesenheit essentiell für den Transfer von Glukose und anderen Mono-
sacchariden, Aminosäuren, Pyrimidin und vielleicht von Gallen-
salzen ist. Dabei muß seine Konzentration auf der Seite, von der
aus der Transport der organischen Substanzen ausgeht, höher sein
als auf der anderen Seite der Membran. Hohe Konzentrationen von
Kalium, Lithium oder Ammonium in der Außenlösung beeinträchtigen
den Transfer von organischem Material in die Zelle.

Die Interpretation dieser und anderer Befunde besagt, daß organische Stoffe Zellmembranen an ein Trägermolekül gebunden durchqueren und daß dieses auch Natrium bindet. Vermutlich arbeitet
das System, wie es in Abb. 6-4 dargestellt ist. Nach dieser Hypothese hat die Trägersubstanz, wahrscheinlich ein Protein, zwei
aktive Bereiche, die zeitweise an der äußeren Oberfläche der
Zellmembran offenliegen. An eine dieser Stellen wird ein Natrium-

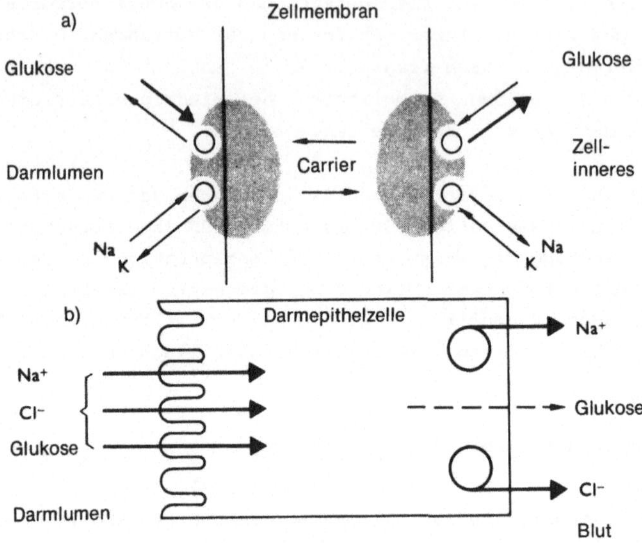



Abb. 6-4  Darstellung der Beziehung zwischen Ionenbewegungen
und Translokation von Glukose (oder Aminosäure) durch
das Darmepithel. a) Konfigurationsänderung des Carriers durch Natrium, Adsorption von Glukose, nach Mem-
branpassage Austausch von Natrium gegen Kalium und
Freisetzung der Glukose. b) Glukose diffundiert dem
Konzentrationsgradienten folgend ins Blut. (Vgl. Text)
(Verändert nach  C r a n e , 1965. Fed. Proc. 24.)

ion gebunden. Dadurch nimmt der Carrier eine Form an, die den
anderen aktiven Bereich für die Adsorption einer organischen
Substanz, etwa Glukose, passend macht. Zufällige (thermische)
Bewegungen verschieben nun den Carrier mitsamt der assoziierten
Glukose und dem Natrium zur inneren Oberfläche der Zellmembran.
Da die Natriumkonzentration in der Zelle niedrig und die Kaliumkonzentration hoch ist, wird das am Carrier befestigte Natrium-
gewöhnlich gegen ein Kaliumion ausgetauscht. Dieser Austausch
wiederum verändert die Konfiguration des Carriers, so daß die

Glukose innerhalb der Zelle abgelöst wird. Der leere Carrier
wird dann durch thermische Bewegung zum Ausgangspunkt zurück-
getragen und der ganze Vorgang nach Kaliumabgabe wiederholt.
Das Gesamtergebnis ist also ein Transfer von Glukose und Natrium
in die Zelle hinein und ein Kaliumtransport nach außen.

Auf Grund neuerer Untersuchungsergebnisse scheint diese Art des
beweglichen Proteinaustauschs von einer Membranoberfläche zur
anderen selten zu sein, vielmehr durchdringen einige Proteine
die gesamte Membran. Details der C r a n e ' schen Hypothese
müssen daher revidiert werden, das Grundprinzip behält aber seine
Gültigkeit, wenn man voraussetzt, daß anorganische Ionen allo-
sterische Konfigurationsveränderungen an einem die Membran durch-
spannenden Protein hervorrufen und somit zwangsläufig den Durchtritt von Glukose durch die Membran bewirken.

Sicher wird die Funktion eines solchen Systems beeinträchtigt,
wenn eine hohe Kaliumkonzentration außerhalb der Zelle und eine
hohe Natriumkonzentration im Zellinnern herrschen. Tatsächlich
kehrt sich die Richtung der Glukosebewegung um, wenn diese Voraussetzungen in Darmzellen künstlich erzeugt werden. Die Glukose
kann dann gegen den Konzentrationsgradienten in den Darm zurück-
transportiert werden. In einer lebenden Darmzelle sollte sich
keine Glukose anhäufen, sondern durch die der Darmseite gegenüberliegende Membran ins Blut diffundieren (Abb. 6-4). Entsprechend steht offenbar nur wenig des transportierten Zuckers für
metabolische Prozesse der Resorptionszelle selbst zur Verfügung.

Beim Transport anderer organischer Materialien sind wahrscheinlich verschiedene Carriermoleküle beteiligt, jedoch entspricht
der zugrundeliegende Prozeß dem, wie er für Glukose skizziert
wurde. Wahrscheinlich gibt es drei oder vier verschiedene Carrier
für den Aminosäuretransfer; die Aminosäuren können in Gruppen
eingeteilt werden je nach ihrer Konkurrenz für den Transfer,
Mitglieder innerhalb einer Gruppe konkurrieren zwar miteinander,
aber nicht mit Mitgliedern der andern Gruppe.

## 6.4    <u>Austauschdiffusion</u>

In diesem durchaus erstaunlichen Prozeß wird ein Ion auf einer
Seite der Membran gegen ein Ion des gleichen chemischen Typs auf
der anderen Seite ausgetauscht. Die Tatsache, daß dieser Austausch überhaupt stattfindet, kann deshalb auch nur erkannt werden, wenn für den Transfer radioaktiv markierte Ionen benutzt
werden. Die Membran kann ja markierte und nicht markierte Ionen
nicht voneinander unterscheiden, und so werden beide gleich gut
transportiert.

Je höher die Konzentration eines entsprechenden Ions im Medium
ist, desto leichter kommt es zum Austausch. Austauschdiffusion
kann also immer dann mit großer Geschwindigkeit erfolgen, wenn
die Ionenkonzentrationen auf beiden Seiten der Membran hoch sind.
So wird die Überführung eines euryhalinen Fisches von Meer- in
Süßwasser häufig von einer gleichzeitigen Abnahme des Chlorid-
und des Natriumausstroms durch die Kiemen begleitet. In gleicher
Weise bewirkt das Einbringen von A r t e m i a  aus Seewasser
in ein nichtionisches Medium, das mit dem Meerwasser isotonisch
ist, eine drastische Verringerung des Natriumausstroms (Abb. 6-5).
Zwei verschiedene Mechanismen sind wahrscheinlich an der plötzli-
chen Änderung des Ionenflusses beteiligt: 1. Eine Veränderung der
elektrischen Potentialdifferenz über Oberflächenepithelien und
2. Eingreifen eines Carriers in den Austauschvorgang. Bei Auf-
enthalt eines Fisches in Seewasser ist das Innere der Kieme positiv gegenüber der Außenseite. Nach Übertragung in Süßwasser
kann die Richtung des Gradienten geändert werden; die Innenseite
ist jetzt negativ. Der Ausstrom von Natriumionen in Richtung des
elektrischen Gradienten müßte erwartungsgemäß abnehmen, wenn das
Außenmedium verdünnt wird. Hierdurch wird aber die vorübergehende
Abnahme des Chloridausstroms nicht erklärt, da für dieses Ion der
Gradient mit der Verdünnung des Mediums eher ansteigt. Zumindestens für Chloridionen müßte also vorausgesetzt werden, daß
ein Carriermechanismus zu einem bedeutenden Teil an der Austauschdiffusion beteiligt ist. Unterstützt wird diese Annahme
durch den Abbruch des Chloridausstroms in Seewasser, sowohl des
passiven als auch des aktiven, nach Blockierung durch $SCN^-$ .

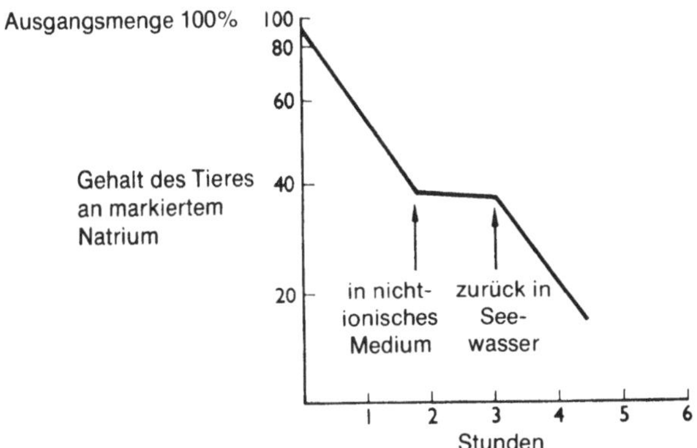



Abb. 6-5  Verlust von markiertem Natrium ins Seewasser und in
ein nichtionisches, mit Seewasser isotones Medium bei
A r t e m i a . Man beachte, daß die Verlustrate im
Medium abnimmt, offenbar ist Austauschdiffusion am
Verlust ins Seewasser beteiligt. (Vereinfacht nach
C r o g h a n , 1958. J. exp. Biol. 35.)

Da der Ionenaustausch durch die Membran im Verhältnis 1:1 erfolgt, würde theoretisch keine Arbeit geleistet und auch keine
Energie benötigt, um den Prozeß zu unterhalten. Es ist zweifelhaft, ob die Austauschdiffusion irgendeine physiologische Bedeutung bei Tieren hat; für den Experimentator stellt sie jedoch eine lästige Nebenerscheinung bei der Berechnung des aktiven Ionentransports dar.

## 6.5  Massenfluß

Ist eine Membran für andere Substanzen außer für Wasser permeabel, so können diese die Barriere unter Einfluß von hydrostatischen und osmotischen Kräften zusammen mit Wasser durchqueren. Das bekannte Beispiel für Massenfluß ist die Bildung

des Primärharns in der Wirbeltierniere durch hydrostatische
Druckfiltration.

Der hydrostatische Druck des Blutes im Glomerulum der Niere
übersteigt den kolloidosmotischen Druck des Plasmas. Dadurch
wird ein Ultrafiltrat des Blutes durch die Wand der Bowman'
schen Kapsel in das Lumen des Nierenkanälchens gepreßt (Abb.6-6).

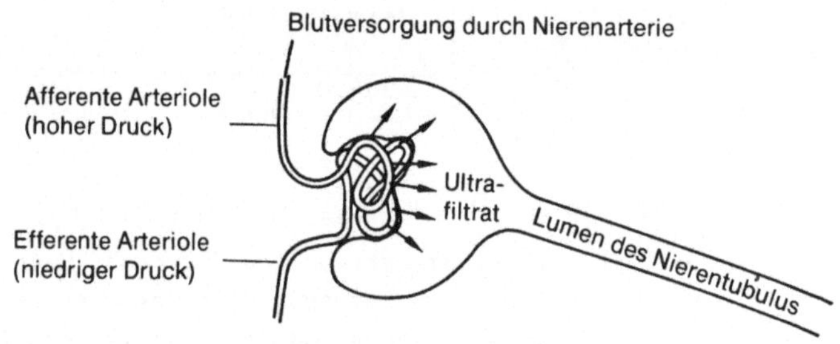


Abb. 6-6    Massenfluß (bulk flow) durch hydrostatische Filtra-
            tion im Vertebratennephron. Ein Ultrafiltrat des
            Blutes passiert vom Glomerulum in das Lumen des
            Nephrons.


6.6    Pinocytose

Verschiedene Formen der Pinocytose werden sowohl bei Protozoen
als auch in den Zellen höher organisierter Tiere gefunden. Bei
diesem auch als "Zelltrinken" bezeichneten Vorgang wird flüssiges extrazelluläres Material von der Plasmamembran eingeschlossen und ins Zytoplasma transportiert.

Allerdings ist Pinocytose mehr als bloße Aufnahme eines Tropfens
aus dem Medium der Zelle. Vielmehr können auch selektiv Stoffe
aus der Außenlösung ins Innere der Zelle gebracht und verwertet
werden. Wie schon erwähnt (s. S. 60), kann Pinocytose bei Amöben
durch Zugabe von Protein stimuliert werden. Markierung des

Proteins mit Farbstoff oder Tracer läßt erkennen, daß es zu -
nächst an der Zellmembran adsorbiert wird und sich in den darauf vom Grunde kleiner eingestülpter Kanälchen abgeschnürten
Vesikeln (Abb. 6-7) in höherer Konzentration findet als in der
übrigen Außenlösung. Dadurch würde erklärt, wie Zellen mit Hilfe
der Pinocytose bestimmte Substanzen aus der extrazellulären
Flüssigkeit selektiv durch Adsorption an die Plasmamembran ins
Zellplasma befördern können.

Unklar ist bisher noch, ob der Teil der Plasmamembran, der an
der Adsorption beteiligt ist und die Vesikeln bildet, in besonderer Weise spezialisiert sein muß. Dafür sprechen Versuche mit
Amöben, die ihre Pinocytose eine halbe Stunde nach dem Einbringen
in Proteinlösung abbrechen und für mehrere Stunden nicht wieder
aufnehmen können. Dieser Befund könnte damit erklärt werden, daß
der spezialisierte Teil der Plasmamembran verbraucht wird und
erst wieder ersetzt werden muß, bevor die Adsorption und die
Pinocytose fortgesetzt werden.

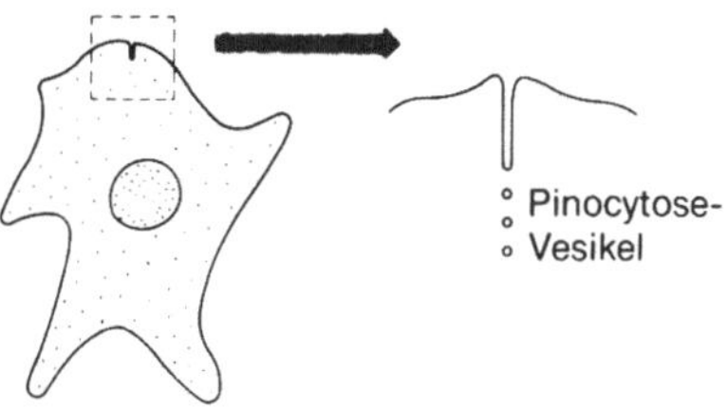


Abb. 6-7  Pinocytose einer Amöbe. Bildung einer Einstülpung
          durch einen Teil der Oberfläche. Vom Grund des so
          entstandenen Kanals schnüren sich Bläschen ab.


Im Gegensatz zu Amöben läßt sich bei Gewebszellen die Pinocytose
nicht durch Zugabe einer Proteinlösung induzieren. Wahrscheinlich sind hier spezielle Induktoren notwendig. Über das Schicksal der Pinocytosevesikel wurde schon auf S. 62 berichtet.

Ein zur Pinocytose analoger Vorgang wird manchmal für die Beseitigung bestimmter Substanzen aus der Zelle benutzt. Die kontraktile Vakuole der Amöben, die der Wasser- und der Stoffaus-
scheidung dient, wird in der Diastole durch Zusammenfließen mit
Bläschen aus sog. Nephridialkanälchen und dem endoplasmatischen
Retikulum aufgebaut. Die Membran der Hauptvakuole verbindet sich
mit der Plasmamembran und der Inhalt wird durch eine Art Ausfüh-
rungskanal ins Außenmedium befördert. Es kommt bei diesem Vorgang zu keinem Verlust von Membranmaterial. Im Gegensatz hierzu
stoßen manche sekretorischen Zellen vollständige Vakuolen aus,
um ihr Sekret freizusetzen und dabei kein anderes Zellmaterial
zu verlieren (s. S. 78). Diese Art der Sekretion kommt z. B. in
den Acinuszellen des Pankreas vor. Ähnliche Vorgänge finden sich
in den exkretorischen Kanälchen vieler Tiere. Sowohl Pinocytose
als auch Vesikelausscheidung kommt bei bestimmten Zellen der
Antennendrüse des Flußkrebses vor. Die Bildung der Pinocytose-
kanälchen erfolgt an der Zelloberfläche, die an das Blut grenzt,
während die Bildung und Abgabe exkretorischer Bläschen auf der
Seite der Zelle stattfindet, die den ableitenden Auscheidungs-
kanälchen zugekehrt ist. Die Zellen der Antennendrüse besitzen
damit die Fähigkeit, Substanzen, die nicht durch den üblichen
Filtrationsprozeß in den Nephridialkanal gelangen können, aus
dem Blut zu entfernen. Die in den Tubulus abgegebenen Vesikel
bleiben erhalten und werden als feste Körper (bis zu 20μm Durchmesser) den ganzen Kanal hinab gefunden; erst in der Harnblase
platzen sie. Die Vesikel enthalten Proteasen, die einen Teil der
Abfallstoffe aus dem Blut für die Reabsorption durch die Blasenwand aufbereiten können.

# 7    Wassertransport durch Membranen

## 7.1  Diffusion und Osmose

Auch bei gleicher Wasserkonzentration auf beiden Seiten einer
permeablen oder semipermeablen Membran wird Wasser durch Diffusion rasch in beiden Richtungen ausgetauscht. Dieser Prozeß ist
leicht zu beobachten, wenn der Lösung auf der einen Seite der
Membran tritiumhaltiges (radioaktives) Wasser zugefügt wird.
Das markierte Wasser diffundiert durch die Membran, bis schließlich auf beiden Seiten der Membran das Verhältnis von markiertem
zu gewöhnlichem Wasser gleich ist. Wirken keine anderen Kräfte
mit, bleibt die Wassermenge auf beiden Seiten der Membran konstant, da die Diffusion zwischen zwei Lösungen derselben Konzentration in beiden Richtungen gleich ist.

Haben die durch die Membran getrennten Lösungen jedoch anfangs
verschiedene Konzentrationen, wird die Diffusion des Wassers
nach beiden Richtungen verschieden stark, es gibt einen Nettofluß von Wasser durch die Membran und das Volumen der stärker
verdünnten Lösung nimmt ab, wohingegen die Menge der stärker
konzentrierten zunimmt. Dieser Vorgang wird als Osmose bezeichnet.
In einem künstlichen System hört der Nettofluß von Wasser auf,
wenn der Anstieg des hydrostatischen Drucks, der aus der Volumenzunahme der einen Seite auf Kosten der anderen resultiert, gerade den Unterschied des osmotischen Drucks zu beiden Seiten der
Membran ausgleicht. Theoretisch wird der osmotische Druck einer
1-molalen Lösung eines beliebigen Nichtelektrolyten durch einen
hydrostatischen Druckunterschied von 22,4at bei $0^{o}$C (ungefähr
230m Wassersäule) ausgeglichen. Bei höheren Temperaturen ist ein
höherer hydrostatischer Druck notwendig, um ein Gleichgewicht
herbeizuführen, da der osmotische Druck nach dem Charles'schen
Gesetz mit der absoluten Temperatur zunimmt:

$$P_{t_1} = P_{t_2} \left( 1 + \frac{1}{273} (t_1 - t_2) \right)$$

$P_{t_1}$ und $P_{t_2}$ sind osmotische Drücke bei Temperaturen $t_1$ bzw. $t_2\,^{o}$C.

Theoretisch sollten Lösungen von Nichtelektrolyten mit gleicher
Molalität bei jeder gegebenen Temperatur denselben osmotischen
Druck haben. Anders ist es in der Praxis, wo geringfügige Unterschiede für die Berechnungen des osmotischen Drucks aus der Konzentration die Einführung eines Korrekturfaktors, des osmotischen
Aktivitätskoeffizienten erfordern. Die Aktivitätskoeffizienten
für die verschiedenen Verbindungen sind in entsprechenden Tabellen zusammengefaßt.

Es sei besonders darauf hingewiesen, daß nur die Lösungen gleicher Molalität, nicht die gleicher Molarität gleichen osmotischen Druck besitzen. Für eine 1-molale lösung wird die Menge
einer Substanz, die dem Molekulargewicht entspricht, in Gramm in
1000g Wasser gelöst, während bei der 1-molaren Lösung dieselbe
Menge in Wasser gelöst und dann mit Wasser auf 1000ml aufgefüllt
wird.


7.2  <u>Osmose in biologischen Systemen</u>

Zellmembranen besitzen eine endliche Permeabilität; das Wasser
wird also zwischen den größeren Flüssigkeitsräumen des Tierkör-
pers je nach Gehalt der gelösten Stoffe verteilt. Für die Verteilung des Wassers auf zelluläre und extrazelluläre Kompartimente muß man bei Säugern folgende Voraussetzungen berücksich-
tigen: 1) Wasserüberschuß im Körper; 2) Wasserdefizit; 3) Salz-
überschuß im Körper; 4) Salzdefizit.

1)  Das überschüssige Wasser kann so auf die zellulären und
    extrazellulären Kompartimente verteilt werden, daß ihre re-
    lativen Konzentrationen und Volumina unverändert bleiben.

2)  Auf gleiche Weise werden bei Wasserdefizit die Zellen und
    Extrazellularräume proportional Flüssigkeit verlieren, so
    daß ihr Volumenverhältnis gleich bleibt.

3)  Natriumchlorid liegt im Körper größtenteils extrazellulär
    vor. Bei Salzüberschuß wird gewöhnlich nur die extrazellulär
    gelöste Salzmenge erhöht, ohne daß die Salzmenge in den

Zellen nennenswert zunimmt. Dadurch wird den Zellen durch
Osmose Wasser entzogen, was zu einer Volumenzunahme der Außenlösung auf Kosten der Zellflüssigkeit führt.

4) Umgekehrt strömt bei einem Salzdefizit Wasser aus dem extrazellulären Raum in die Zellen.


Unter normalen Bedingungen kontrolliert ein Regulationsmechanis-
mus im Körper den Wasserhaushalt in der Weise, daß kein Nettoflux von Wasser zwischen den Flüssigkeitsräumen stattfindet. Um
besonderen Situationen gewachsen zu sein, kann der Körper jedoch
die osmotischen Fähigkeiten seiner Zell- und Epithelmembranen
zur Anpassung ausnutzen. Vielleicht das bekannteste Beispiel für
diesen Vorgang ist die Herstellung des Urins in den Nieren der
Vögel und Säuger, der eine höhere Konzentration als das Blut besitzt. Ein weiteres Beispiel ist die Verwendung der Osmose im
Schulp von S e p i a , bei der das Gegenspiel osmotischer und
hydrostatischer Kräfte die Schwimmfähigkeit reguliert. Der Schulp
besteht aus einer Vielzahl enger Kammern, etwa einhundert beim
erwachsenen Tier, die durch verkalkte Chitinwände voneinander getrennt und an einem Ende verschlossen sind, das untere Ende ist
nur mit einer Epithelmembran bedeckt. Die Kammern sind teilweise
mit Flüssigkeit und mit eindiffundiertem Gas gefüllt (Abb. 7-1).
Die Auftriebskraft des Schulps soll gerade die Tendenz zum Ab-
sinken durch das übrige Körpergewebe soweit ausgleichen, daß das
Tier im Wasser schwimmt. Dadurch spart es erhebliche Mengen von
Energie, die es aufwenden müßte, wenn es eine größere Dichte als
Seewasser hätte. Der hydrostatische Druck nimmt mit steigender
Wassertiefe zu, also wird, wenn der Tintenfisch taucht, mehr
Wasser in den Schulp gedrückt und der Luftraum verkleinert. Damit
würde das Tier schwerer werden und mehr Kraft für das Schwimmen
benötigen, es sei denn, es hätte Mechanismen, die dem entgegen-
wirken. D e n t o n  konnte zeigen, daß die Auftriebskraft durch
aktiven Natriumtransport aus der Schulpflüssigkeit ins Blut beim
Tauchen konstant gehalten werden kann. Der Natriumtransport führt
zu einer Konzentrationsabnahmevon $Na^+$ in der Schulpflüssigkeit
und damit zu einem Wasserfluß durch die Epithelmembran. Es wird
immer gerade soviel NaCl ins Blut transportiert, wie für ein

Gleichgewicht zwischen Wassereinstrom unter hydrostatischer
Druckerhöhung und Wasserausstrom dem osmotischen Gradienten
folgend erforderlich ist.

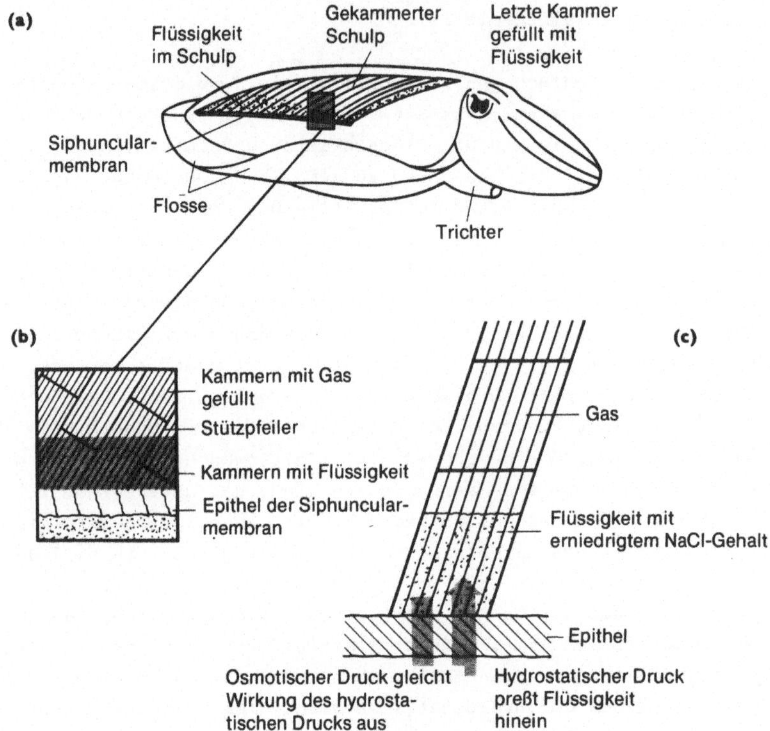



Abb. 7-1  Diagramm über die Rolle der Schulpmembran (siphuncular
          membrane) bei der Kontrolle des Auftriebs beim Tinten-
          fisch. a) Lage des gekammerten Schulps im Tier; b) Ver-
          größerung eines Ausschnitts läßt die Kammerstruktur und
          die Lage der Schulpmembran erkennen; c) die Membran
          steuert das Flüssigkeitsvolumen in den Kammern durch
          Regulierung des NaCl-Gehalts in der Flüssigkeit.
          (Verändert nach D e n t o n  und  G i l p i n
          B r o w n , 1961. J. mar. Biol. Ass. U. K. 41.)

Bestimmte Krötenarten, wie B u f o   c o g n a t u s , die in
einem Biotop mit Dürreperioden leben, besitzen großräumige Harn-
blasen. Die Blase kann eine Urinmenge speicher, die einem Drittel
der gesamten Körperflüssigkeit entspricht. Erleiden die Tiere
Wasserverluste durch Austrocknen, so wird ein antidiuretisches
Hormon (ADH) ins Blut abgegeben, das die Blasenwand wasserdurch-
lässig macht. Da die Körperflüssigkeit jetzt höher konzentriert
ist als der gespeicherte Urin, kann Wasser durch die osmotisch
permeabel gewordene Blasenwand ins Blut gelangen und den durch
Austrocknen entstandenen Wasserverlust ausgleichen.


## 7.3 Isotone Wasserresorption

Bisher wurden nur Systeme behandelt, in denen Wasser unter dem
Einfluß eines osmotischen Gradienten transportiert wird. An vielen Stellen des Körpers gibt es jedoch transepitheliale Wasser-
bewegung auch zwischen Lösungen ähnlicher oder gleicher osmotischer Konzentration. Dazu gehören z. B. die Sekretion und Reabsorption der Verdauungssäfte, die Absonderung der Cerebrospinal-
flüssigkeit aus dem Chorioidalplexus, die Sekretion der Galle
durch die Leber, die Konzentrierung der Galle in der Gallenblase
und die Rückresorption von Primärharn in den proximalen Tubuli
der Niere. Untersuchungen aller dieser Vorgänge zeigen, daß der
Flüssigkeitstransfer auch gegen ein Konzentrationsgefälle be-
grenzter Größe weitergeht; um Osmose im klassischen Sinne scheint
es sich also nicht zu handeln. Theoretisch können eine Reihe anderer Mechanismen für einen Nettoflux von Wasser verantwortlich
sein, unter anderem: 1) Aktiver Wassertransport; 2) Pinocytose;
3) Druckfiltration; 4) Elektroosmose; 5) Kopplungsfluß; 6) Dop-
pelmembraneffekt; 7) lokale Osmose. Diese Mechanismen werden im
folgenden kurz beschrieben.


1)   Aktiver Wassertransport. Per definitionem werden hier Waser-
     moleküle aktiv und unabhängig von den ebenfalls durch Carrier
     besorgten Bewegungen der gelösten Moleküle durch eine Membran
     transportiert. Es gibt keinen Hinweis darauf, daß aktiver
     Wassertransport bei Wirbeltieren vorkommt.

2) <u>Pinocytose</u>. Transepithelialer Flüssigkeitstransport erfolgt
durch Einschließen einer kleinen Menge der Außenlösung in einem Bläschen der Plamamembran und Wiederabgabe der Flüssigkeit durch die Zellmembran auf der gegenüberliegenden Seite.

3) <u>Druckfiltration</u>. Unter dem Einfluß eines hydrostatischen
Druckgefälles kann Wasser eine Membran durchqueren, die sich
zwischen Lösungen gleicher osmotischer Konzentration befindet.

4) <u>Elektroosmose</u>. Es wird vorausgesetzt, daß in einer Membran
Poren durch fixierte Molekülkomplexe mit freien elektrischen
Ladungen ausgekleidet sind. Die Porenkanäle enthalten zum
Ausgleich der fixierten Ladungen bewegliche Ionen mit entgegengesetzten Ladungen. Entsteht über der Membran eine Potentialdifferenz, so wandern die Ionen zum entgegengesetzten
Pol und nehmen dabei einen Teil der Flüssigkeit, die sich in
den Poren befindet, mit; es resultiert also ein Wassertransport durch die Membran. Ist eine Zellmembran innen negativ
gegen außen geladen, so werden durch positiv geladene Poren
Wassermoleküle in die Zelle hineintransportiert.

5) <u>Kopplungsfluß (Kodiffusion)</u>. Die Kodiffusion setzt wiederum
ein Porensystem voraus, durch das Wasser mit Hilfe der Bewegung gelöster Teilchen mitgerissen wird. In diesem Falle
ist die treibende Kraft aber eher ein aktiver (stoffwechsel-
abhängiger) Transport gelöster Stoffe als ein elektrochemi-
scher Effekt.

6) <u>Doppelmembraneffekt</u>. Für diese Art der lokalen Osmose wird
Flüssigkeitstransport durch zwei hintereinander liegende
Membranen verschiedener Permeabilität postuliert. Durch den
Transport gelöster Stoffe durch die erste Membran wird ein
osmotischer Gradient aufgebaut, dem Wasser durch die Membran
folgt. Dieser Fluß erhöht den hydrostatischen Druck zwischen
den Membranen, was zum Massenfluß durch die stärker permeable
zweite Membran führt.

7) <u>Lokale Osmose</u>. Hier wird angenommen, daß aktiver Salztrans-
port einen osmotischen Gradienten in unmittelbarer Nähe der

Membran schafft, indem die Konzentration auf der einen Seite
der Membran erniedrigt und auf der anderen erhöht wird. Wasser bewegt sich dann dem osmotischen Gradienten folgend durch
die Membran. Tiefe Invaginationen der Plasmamembran können
die Aufrechterhaltung der lokal begrenzten Konzentrationser-
höhung begünstigen.

Hypothesen für die verschiedenen Mechanismen des Wassertransports
lassen sich aufstellen, die tatsächlich bei Tieren vorkommenden
Systeme und ihre Funktion zu erkennen, bereitet einige Schwierig-
keiten. So konzentriert sich die Aufmerksamkeit in jüngster Zeit
auf einige Modellsysteme, wobei nicht nur die Kinetik der Trans-
portvorgänge durch Epithelien analysiert, sondern auch die Mor-
phologie der Transportzellen exakt untersucht werden. Epithelien,
die besonders auf den Transport von Ionen oder Wasser spezialisiert sind, zeichnen sich durch eine besonders große Zahl verschiedener Falten und Einstülpungen der apikalen und lateralen
Plasmamembran aus (s. Abb. 2-4). Histochemische Färbemethoden
zeigten, daß $Na^+$,$K^+$-aktivierte ATPase sowohl in den Invaginationen als auch an der oberflächlichen Membran zu finden ist. Die
Anwesenheit dieses Enzyms ermöglicht, daß Natrium aus der Zelle
aktiv herausbefördert werden kann und sich in den Falten und Kanälchen außerhalb der Zellmembran ansammelt. Setzt man für die
Membran Semipermeabilität voraus, so wird Wasser dem entstandenen Konzentrationsgradienten folgen. Ist der Spalt zwischen zwei
Zellen an einem Ende durch eine Schlußleiste (tight junction)
verschlossen, dann wird es zu einem Abfluß von Ionen und Wasser
an dem andern Ende kommen (Abb. 7-2). Theoretisch könnten Veränderungen des relativen Ionen- und Wassertransports in einfachen
Systemen zu isoosmotischem und hypertonem Wassertransport, sowohl vorwärts als auch rückwärts, in komplexen Systemen zu hypo-
tonem Wassertransport führen (Abb. 7-3).

Die rektalen Polsterzellen der Insekten scheinen ein Beispiel
für diesen Prozeß darzustellen. Eine besonders günstige Anordnung ermöglicht den Transfer einer hypotonen Lösung aus dem Rektallumen in das Blut auch ohne Anwesenheit von transportablen
Ionen. Durch Anwendung einer ultrafeinen Sammeltechnik (Mikro-

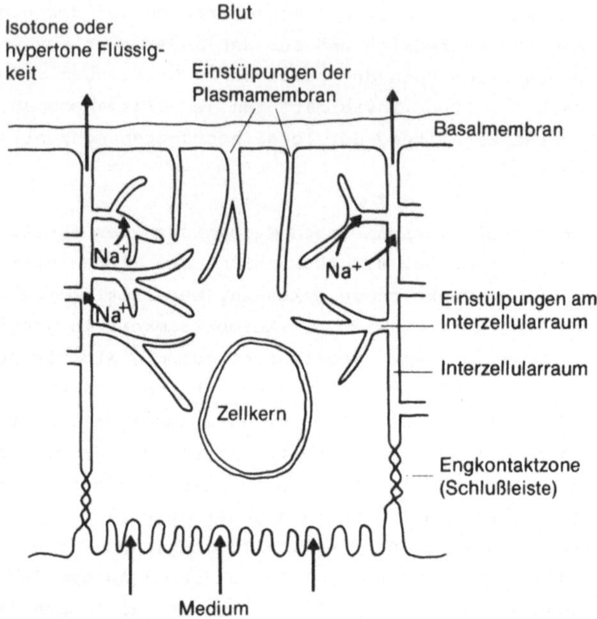



Abb. 7-2  Vereinfachte Darstellung einer Epithelzelle mit iso-
tonem Flüssigkeitstransfer aus dem Blut ins Medium.
Deutlich sichtbar sind die Einstülpungen der Plasmamembran. Pfeile bezeichnen die Strömumgsrichtung von
Natrium und Wasser. Die Einstülpungen sind mit $Na^+, K^+$-
aktivierter ATPase besetzt.

pipettieren) konnte  W a l l  Flüssigkeitsproben aus den interzellulären Räumen entnehmen und zeigen, daß die osmotische Konzentration dieser Flüssigkeit die im Rektallumen übersteigt.
Auf Grund ihrer Messungen vermuten die Autoren, daß hypotoner
Wassertransfer durch ein System ermöglicht wird, wie es Abb. 7-4
darstellt. Anorganische Ionen, die vielleicht durch gelöste organische Stoffe ergänzt werden, würden demnach aus den Zellen
in die Interzellularspalten transportiert und dort die osmotischen Konzentrationen auf einen Wert (930 mosmol) anheben, der

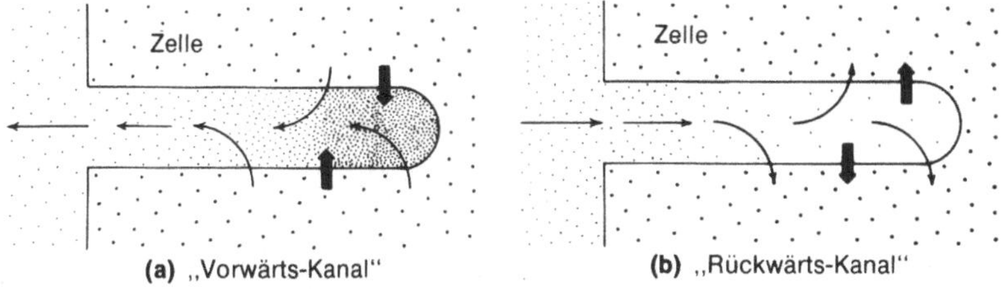



Abb. 7-3  Modell des stehenden Gradienten. (a) "Vorwärts-Kanal".
In den Kanal gepumpte Ionen (dicke Pfeile) erzeugen
osmotische Gradienten, die Wasser (dünne Pfeile) aus
der Zelle ziehen. Flüssigkeit fließt aus dem offenen
Ende des Kanals. (b) "Rückwärts-Kanal". Aus dem Kanal
gepumpte Ionen bewirken Wasseraufnahme in die Zelle.
Flüssigkeit fließt in das offene Ende des Kanals.
(Aus O s c h m a n , W a l l und G u p t a , 1974.
Symp. Soc. exp. Biol. 28.)

deutlich über dem der rektalen Flüssigkeit (800 mosmol) liegt.
Folglich könnte Wasser aus dem Rektallumen in die Sinus abflie-
ßen, worauf die vermehrte Flüssigkeitsmenge hier eine Strömung
aus den Interzellularspalten in Richtung Blut erzeugt. Während
dieser Flüsse werden einige Ionen und organische Stoffe durch
aktiven Transport zurückgeholt, und die dadurch dem Rektalinhalt gegenüber hypoton gewordene Flüssigkeit geht in die Hämolymphe über. Obwohl die einzelnen Schritte noch nicht genügend
experimentell belegt werden konnten, kann das Ganze doch erklären, wieso manche Insekten die meiste Flüssigkeit aus dem
Rektalinhalt extrahieren können. Allerdings reicht nicht einmal dieses Modell aus, eine Erklärung dafür zu finden, wie der
Mehlkäfer T e n e b r i o  sich dadurch Wasser verschaffen
kann, daß er der durch den Anus aufgenommenen Luft bis zu 50%
der Feuchtigkeit entzieht.

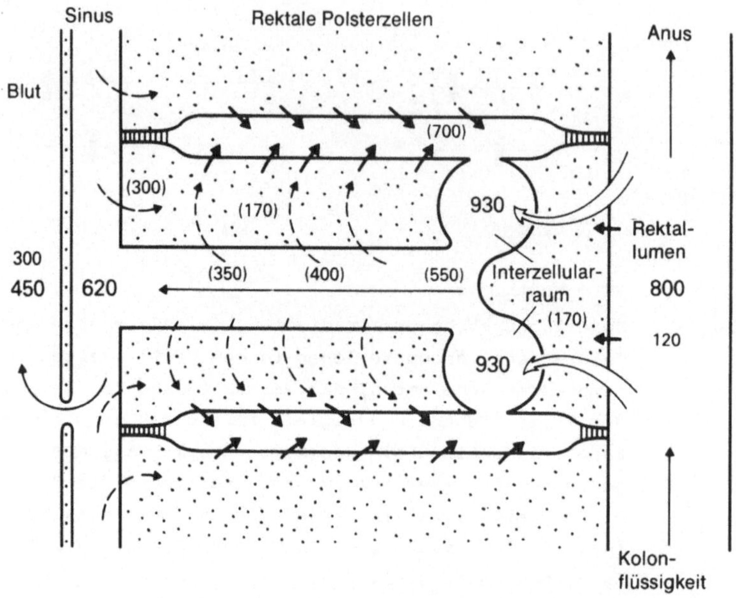


Abb. 7-4   Schematische Darstellung des Rektums einer Küchen-
schabe zur Erklärung der Wasserabsorption aus dem
Darmlumen durch Recycling gelöster Stoffe (Na$^+$).
Große Zahlen: durchschnittliche osmotische Konzentrationen. Na$^+$ u.a. wird in interzelluläre Kanäle
gepumpt (dicke Schrägpfeile) und erzeugt dort hohe
osmotische Konzentrationen. Wasser (hohle Pfeile)
wird passiv aus dem Darmlumen gezogen. Flüssigkeit
(dünne Pfeile) tritt aus den Sinus durch Ventile in
der Muskelscheide aus. Rückresorption gelöster Stoffe
(gestrichelte Pfeile) zur Anreicherung der Pumpen.
Kleine Zahlen: Na$^+$ in Blut und Rektum (mM/l), einge-
klammerte Zahlen: Schätzwerte der Na$^+$-Konzentrationen.
Wegen des Recycling im Gewebe müssen gelöste Stoffe im
Rektum nicht unbedingt verfügbar sein. (Aus  G u p t a ,
1976. Perspectives in Exper. Biol., Pergamon Press.)

<u>Osmoregulation bei  H y d r a</u>. Auch bei  H y d r a  basiert
die Regulation der Wassermenge in Zellen nach Untersuchungen
von  M a r s h a l l  auf einem Ionentransportsystem. Die Zellen dieses Tiers enthalten Flüssigkeit, die ca. 20 mosmol höher
konzentriert ist als das Außenmedium. Es besteht also eine Tendenz, ständig Wasser aus der Umgebung aufzunehmen (Abb. 7-5).
M a r s h a l l s Hypothese besagt nun, daß anorganische Ionen
von den Ektodermzellen aktiv in die Mesoglöa transportiert werden
und dann Zellen des Entoderms die Ionen in den Gastralraum trans-
ferieren. Dieser Transport geht solange weiter, bis die Konzentration im Gastralraum gerade den osmotischen Druck der Zellen
übertrifft. Dadurch öffnet sich ein Weg, überschüssiges Wasser
aus dem Körper zu entfernen: es könnte osmotisch in den Gastralraum gelangen und aus diesem periodisch ausgestoßen werden.

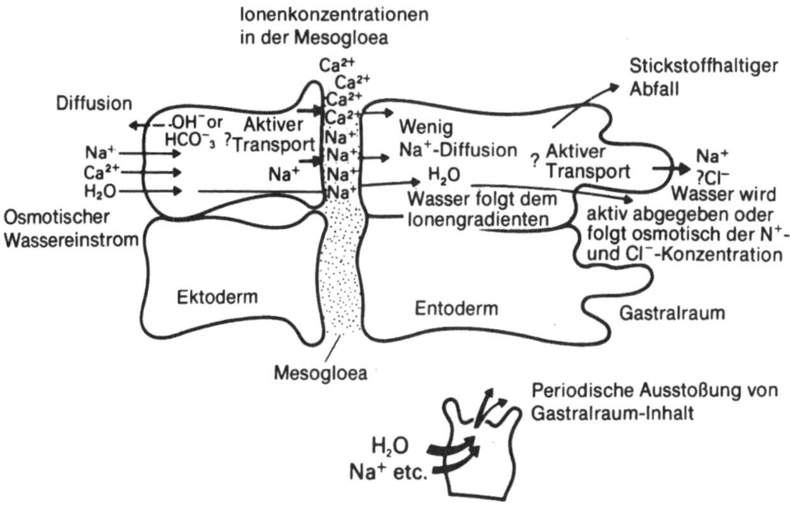


Abb. 7-5  Erläuterung der Hypothese, daß bei  H y d r a  aktiver
          Ionentransport durch die Körperwand der Mechanismus
          für die Volumenregulation der Zellen ist.
          (Aus  M a r s h a l l , 1969. School Sci. Rev. <u>51</u>.)

Unterstützt wird diese Theorie durch folgende Befunde: 1. Das Tier nimmt radioaktives Natrium aus der Umgebung auf; 2. der gemessene osmotische Druck der Gastralflüssigkeit ist dem der Zellen annähernd gleich; 3. ungefähr alle Stunde wird Flüssigkeit aus dem Gastralraum ausgestoßen; 4. die Tiere schwellen unterhalb einer Ligatur auf Grund von Flüssigkeitsansammlung an.

## 8 Spezialisierung der Plasmamembran: Nervenzellen

### 8.1 Gesamtstruktur

Nervenzellen bestehen im allgemeinen aus einem Zellkörper, der
den Kern enthält (Perikaryon), und polar abgehenden Fortsätzen,
dem längeren Axon, der bei größeren Tieren über 1m lang sein kann
und höchstens wenige kollaterale Verzweigungen besitzt, und einer
Reihe von kürzeren, stark verzweigten Dendriten (Abb. 8-1). Bei
Wirbeltieren sind die meisten Axone mit einem Durchmesser von mehr
mehr als 1μm, mit Ausnahme der postganglionären Fasern des auto-
nomen Nervensystems, von einer Myelinscheide umhüllt. Diese Hülle
besteht aus konzentrischen Membranen aus Proteinen und Lipiden
und wird nicht vom Axon gebildet, sondern von den begleitenden
Schwannschen Zellen, peripheren Gliazellen. Der Bildungsmodus der
Myelinscheide ist recht erstaunlich: Die Schwannschen Zellen
wachsen rotierend um den Axon herum, so daß die Zellmembran in
vielen Schichten übereinandergelagert wird. Kommt eine neue
Schicht hinzu, wird das Zytoplasma jeweils aus der darunterlie-
genden Lage herausgequetscht; dadurch berühren sich die gegenüberliegenden Plasmamembranen schließlich (Abb. 8-1b). Der Vorgang könnte mit dem Aufwickeln eines Ballons um einen Spazier-
stock verglichen werden, wobei die Luft aus den aufeinanderfol-
genden Lagen herausgedrückt wird. Die vielfachen Schichten von
Zellmembranen als Ergebnis der aktiven Bewegungen der Schwannschen Zellen erhöhen den elektrischen Widerstand zwischen dem
Innern des Axon und der Umgebung beträchtlich. In Abständen von
etwa 1mm ist die Scheide von Einschnürungen, den Ranvierschen
Schnürringen, unterbrochen; sie sind die Grenzen der hinterein-
anderliegenden Schwannschen Zellen.

Auch nichtmyelinisierte Nervenzellen besitzen begleitende Gliazellen; aber da die rotierende Wachstumsbewegung ausbleibt,
fehlt die vielschichtige Myelinscheide um den Axon.

Nervenimpulse entstehen gewöhnlich am Zellkörper und wandern den
Neuriten vom Axonhügel bis zu seinem Ende entlang. Die erregenden

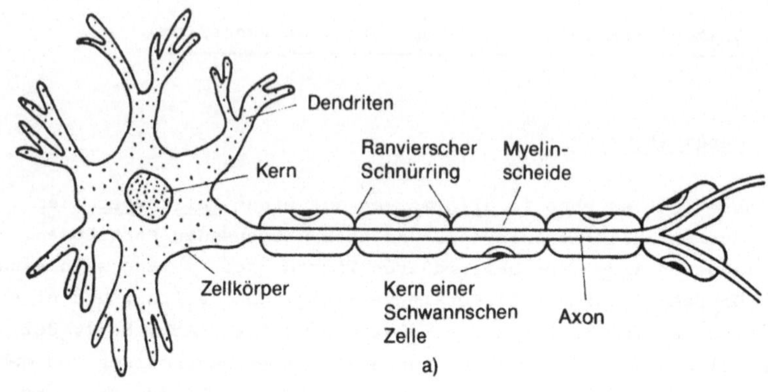



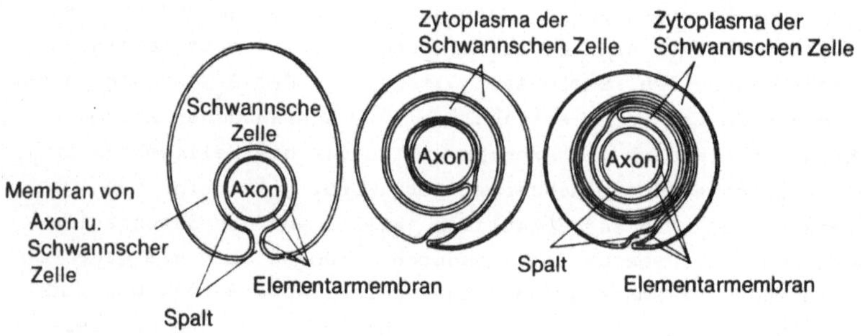



Abb. 8-1  Struktur einer Nervenzelle. a) Hauptbestandteile
einer markhaltigen Nervenzelle. b) Bildungsmechanis-
mus der Myelinscheide durch Aktivität einer Schwannschen Zelle. (b aus R o b e r t s o n , 1966. Symp.
Int. Soc. Cell Biol. 5.)

Reize erreichen die Nervenzelle über die Dendriten oder kleinere
Fortsätze oder direkt von anderen Nervenzellen, die mit synap-
tischen Endknöpfen am Zellkörper ansetzen.

## 8.2 Funktion

Die Erregungsleitung im Nerven basiert auf einer Veränderung
von Membraneigenschaften, die für die Ausbildung eines charakteristischen Membranpotentials (s. S. 84) verantwortlich sind.
Bei der inaktiven Nervenzelle beträgt die Höhe eines solchen
Ruhepotentials etwa 60-90mV, wobei die Innenseite der Membran
negativ gegenüber der Außenseite ist.

Auf natürliche oder experimentelle elektrische Reize reagiert
eine Nervenzelle mit einer Änderung des Membranpotentials an der
gereizten Stelle. Sehr kleine elektrische Reize bewirken eine
lokale Potentialänderung von wenigen Millivolt. Dieses Potential
vermindert sich exponentiell mit der Entfernung vom Reizort, da
Leckströme über die Membran fließen. Mit stärkerer elektrischer
Reizung wird schließlich bei einer Verminderung des Membranpotentials um etwa 20mV ein Schwellenwert erreicht. Nach Erreichen
dieser Schwelle (firing potential) tritt eine rasche weitere
Abnahme, ja sogar eine Umkehrung des ursprünglich negativen
Membranpotentials auf. Da die Veränderung von extrem kurzer Dauer (1ms) ist, bezeichnet man dieses Aktionspotential auch als
spike. Der erzeugte Strom reicht aus, um die benachbarten Mem-
branabschnitte zu erregen, so daß die Potentialänderung sich als
selbstantreibende Welle in beiden Richtungen an der Nervenfaser
ausbreitet. Für die Bildung des Aktionspotentials sind selektive
Veränderungen der Membrandurchlässigkeit für Natrium- und Kaliumionen die Ursache. Zunächst wird schlagartig die Permeabilität
für Natrium erhöht, so daß diese Ionen von außen ihrem elektrochemischen Gradienten folgend in großer Menge in die Zelle
eindringen können. Die dadurch hereingebrachten positiven Ladungen vermindern die Negativität im Zellinnern. Die genaue Zahl
von Ionen, die einströmen müssen, damit es zur Veränderung des
Membranpotentials kommt, hängt von der Kapazität der Membran
(gewöhnlich ca. 1 $\mu F/cm^2$) ab; ihre Zahl ist aber erstaunlich
klein im Vergleich zu der der anfänglich im Innern vorhandenen
Ionen. Das Auftreten eines einzigen Nervenimpulses bewirkt eine
praktisch nicht meßbare Erhöhung der Natriumkonzentration in der
Zelle. Für die Nervenfaser des Tintenfisches nimmt man an, daß

die Natriumaufnahme pro Impuls weniger als $2,4 \cdot 10^{12}$ Ionen beträgt. Zum Vergleich: 1 Mol enthält $6,02 \cdot 10^{23}$ Moleküle.

Unmittelbar nachdem das Aktionspotential sein Maximum erreicht hat, nimmt die Natriumpermeabilität abrupt ab und es kommt zu einer stärkeren Durchlässigkeit für Kaliumionen. Der daraus resultierende verstärkte Ausstrom positiv geladener Kaliumionen aus dem Axon bringt das Membranpotential nahezu auf seinen Ausgangswert zurück (Abb. 8-2a).

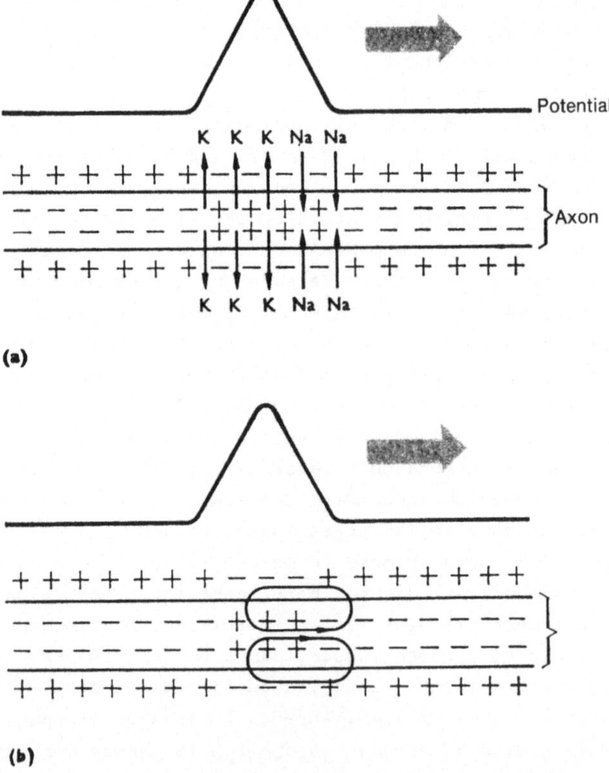


Abb. 8-2  (a) Ionenbewegungen durch die Membran sind für die Entstehung eines Aktionspotentials verantwortlich; (b) Ausgleichsströme zwischen den Stellen verschiedener Ladung erzeugen in benachbarten Regionen Aktionspotentiale.

Während der Dauer des Aktionspotentials kann die aktivierte Region der Nervenfaser nicht erneut erregt werden. Dieser Zeitraum wird als absolutes Refraktärstadium bezeichnet. Etwa 1 msec nach Ende des Aktionspotentials befindet sich die Membran in einem relativen Refraktärstadium. Sie ist zwar jetzt erregbar, aber nur durch weit höhere Reize, als normalerweise benötigt werden. Nervenfasern mit einem größeren Durchmesser werden gewöhnlich schneller repolarisiert als kleine Axone. Die größeren motorischen Nervenfasern von Wirbeltieren können deshalb im Experiment bis zu 1000 Impulse pro Sekunde leiten, in vivo dürften es jedoch selten mehr als  100-150/sec  sein.

In nichtmyelinisierten Nerven breitet sich die Erregung gleichmäßig über die Membran aus (Abb. 8-2b). Je größer der Faserdurchmesser ist, desto schneller erfolgt die Weiterleitung des Impulses; aber selbst große Axone, wie die 1mm dicken Riesenfasern des Tintenfisches, leiten nur mit einer Geschwindigkeit von 6 m pro Sekunde. Wesentlich höher ist die Leitungsgeschwindigkeit der markhaltigen Nervenfasern. Die bisher schnellste Erregungsleitung wurde an den Riesenfasern der Krabbe P e n n a e u s   j a p o - n i c u s  mit 210 m/sec, also etwa 755 km/h, gemessen.

Markhaltige Nerven leiten die Impulse schneller als marklose, weil die Myelinscheide den elektrischen Widerstand der Membran stark erhöht. Dadurch wird der Kurzschlußeffekt infolge Stromlecks durch die Membran verringert. Spikes können ohne nennenswerte Intensitätsminderung über die ganze Faserlänge weitergeleitet werden. Der durch die Potentialänderung an der Axonmembran eines Ranvierschen Schnürrings entstandene Strom ist stark genug, den nächsten Schnürring zu erreichen und zu erregen (Abb. 8-2c). Das Aktionspotential bewegt sich also sprungweise (saltatorische Erregungsleitung) von Schnürring zu Schnürring fort, und die Leitungsgeschwindigkeit wird praktisch nur durch die Zeit begrenzt, die jeweils zum Aufbau des Aktionspotentials an den Membranen der Schnürringe nötig ist.

Wahrscheinlich liegt die Wirkungsweise einiger Lokalanaesthetika in einer Depolarisierung der Nervenzellmembranen.

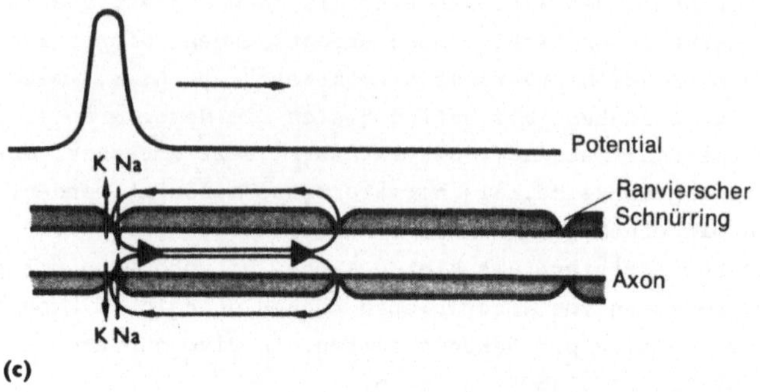



Abb. 8-2c   Saltatorischer Stromfluß zwischen den Ranvierschen
Schnürringen einer markhaltigen Nervenfaser.


## 8.3   Chemische Synapsen

Fast immer sind Nervenendigungen von den Effektorzellen (z. B.
Muskelzellen), die sie aktivieren, durch einen Synapsenspalt
von 10-20nm getrennt. Nervenimpulse können diese Lücke nicht
direkt überspringen. Stattdessen löst die Ankunft eines Nervenimpulses an der Nervenendigung (Präsynapse) die Freisetzung einer
chemischen Substanz aus, die durch den Spalt diffundiert und die
Membran der nachgeschalteten Zelle erregt. Es gibt eine Reihe
verschiedener Transmitter. Die Substanz, die von motorischen Nerven der Wirbeltiere abgesondert wird, ist das Acetylcholin.

Der Überträgerstoff wird vor der Ausscheidung in kleinen, von
Membranen umhüllten Bläschen in unmittelbarer Nähe des Nerven-
endes gespeichert. Sehr geringe Mengen werden beständig in
gleichförmigen "Quanten" abgegeben; aber bei Eintreffen eines
Nervenimpulses erhöht sich die Zahl der Quanten sofort sehr
stark. Die Transmitterquanten entsprechen in etwa den meßbaren
elektrischen Ereignissen an der postsynaptischen Membran. Die
Menge des pro Impuls abgesonderten Transmitters ist umso größer,
je höher die Zahl der pro Zeiteinheit ankommenden Impulse ist.

Eine weitere Spezialisierung dieser Vorgänge stellt die Abgabe
von Neurohormonen direkt ins Blut dar. Beispiele hierfür sind
die Ausscheidung des antidiuretischen Hormons (ADH) aus der Neu-
rohypophyse, des Adrenalins aus dem Nebennierenmark und verschiedener Hormone aus der Sinusdrüse des Augenstiels von Crustaceen.


## 8.4  Elektrische Synapsen

Bei Regenwürmern und Krebsen gibt es Riesenaxone, die aus eng-
verbundenen einzelnen Nervenzellen bestehen. Die Verbindung zwischen benachbarten Zellen geht manchmal verloren. An den lateralen Riesenfasern von Krabben sind jedoch Septen zu erkennen, die
tight junctions, wie sie zwischen den Plasmamembranen benachbarter Zellen vorkommen, darstellen. Elektrische Impulse können sich
über diese Septen ausbreiten, und folglich beträgt die Verzöge-
rung an diesen elektrischen Synapsen nur ein Zehntel von der an
chemischen Synapsen zu beobachtenden. Auch zwischen Epithelzellen
kann elektrische Leitung über tight junctions von einer Zelle zur
andern stattfinden. In den meisten Riesenaxonen können die Impulse die elektrischen Synapsen in beiden Richtungen passieren.
Dagegen werden sie in einigen durchaus ähnlich gebauten Synapsen
zwischen Nervenzellen nur in einer Richtung weitergeleitet. Motorische Fasern, die den abdominalen Beugemuskel dekapoder Krebse
innervieren, der schnelle Rückstoßbewegungen ausführt, bilden
Synapsen, sowohl mit den medialen als auch den lateralen Riesenfasern des Bauchmarks. Auf diese Weise kann die motorische Faser
nicht nur von ihrem eigenen Zellkörper aus, sondern auch durch
eine der Riesenfasern stimuliert werden. Da die Riesenfasern aber
auch zu vielen anderen Muskeln führen, wäre es ungünstig, wenn
auch nur eine motorische Nervenfaser, in umgekehrter Richtung,
die Riesenfasern erregen würde. Um dies zu verhindern, sind die
Synapsen so spezialisiert, daß Impulse jeweils nur von den Riesenaxonen zur motorischen Faser weitergegeben werden können, aber
nicht in entgegengesetzter Richtung. Wie die Plasmamembranen
diese richtenden Eigenschaften hervorbringen, ist bisher nicht
bekannt.

# Weiterführende Literatur

## Allgemein


FAWCETT, D.W. (1966). Atlas of fine structure: the cell, its
      organelles and inclusions. W. B. Saunders, London and
      Philadelphia.

JÄRNEFELT, J. (Ed.) (1968). Regulatory functions of biological
      membranes. Elsevier, Amsterdam, London and New York.


## Plasmamembranen


BRETSCHER, M.S. (1973). Membrane structure: some general princip-
      les. Science, 181.

NICHOLSON, G.L. (1976). Transmembrane control of the receptors of
      normal and tumour cells. Biochim. Biophys. Acta, 457.


## Golgi-Apparat


BEAMS, H.W. and KESSEL, R.G. (1968). Int. Rev. Cytol., 23.


## Mikrotubuli


OLMSTEAD, J.B. and BORISY, G.G. (1973). Microtubules. Ann. Rev.
      Biochem., 42.

WILSON, L. and BRYAN, J. (1974). Biochemical and Pharmacological
      properties of microtubules. Advances in Cell and Molec.
      Biology, 3.


## Lysosomensystem


ALLISON, A.C. (1968). Interaction of drugs and sub-cellular com-
      ponents. Churchill, London.

DE DUVE, C. and WATTIAUX, R. (1966). Ann. Rev. Physiol., 28.

## Geschichte und Evolution der Membransysteme

NASS, S. (1969). Int. Rev. Cytol., <u>25</u>.

## Lipide und Membranstruktur

VAN DEENEN, L.L.M. (1968). Membrane lipids. In: Regulatory functions of Biological Membranes. J. Järnefelt, Ed. Elsevier Amsterdam, London and New York.

HOKIN, L.E. (1968). Dynamic aspects of Phospholipids during protein secretion. Int. Rev. Cytol., <u>23</u>.

## Zellhaften

STAEHELIN, L.A. (1974). Intercellular junctions. Int. Rev. Cytol., <u>39</u>.

REVEL, J.P. (1974). Contacts and junctions between cells. Symp. Soc. Exp. Biol. <u>28</u>.

## Transport von Ionen und Wasser

GUPTA, B.L. (1975). Water movement in cells and tissues. Vol. 1, Perspectives in Experimental Biology. P. Spencer Davies, Ed. Pergamon Press, Oxford.

MAETZ, J. (1975). Aspects of adaptation to hypo-osmotic and hyper-osmotic environments. Biochemical and Biophysical Perspectives in Marine Biology. D.C. Mallins and J.R. Sargent, Editors. Academic Press, London and New York.

Sachregister

# Teubner Studienbücher Fortsetzung

## Geographie Fortsetzung

Rathjens: **Die Formung der Erdoberfläche unter dem Einfluß des Menschen**
Grundzüge der Anthropogenetischen Geomorphologie
160 Seiten. DM 24,80

Semmel: **Grundzüge der Bodengeographie**
120 Seiten. DM 24,80

Weischet: **Einführung in die Allgemeine Klimatologie**
Physikalische und meteorologische Grundlagen
2. Aufl. 256 Seiten. DM 28,—

Windhorst: **Geographie der Wald- und Forstwirtschaft**
204 Seiten. DM 28,80

Wirth: **Theoretische Geographie**
Grundzüge einer Theoretischen Kulturgeographie
336 Seiten. DM 32,—

## Physik

Bourne/Kendall: **Vektoranalysis**
227 Seiten. DM 19,80

Daniel: **Beschleuniger**
215 Seiten. DM 25,80

Großmann: **Mathematischer Einführungskurs für die Physik**
2. Aufl. 263 Seiten. DM 25,80

Heber/Weber: **Grundlagen der Quantenphysik**
Band 1: Quantenmechanik. VI, 158 Seiten. DM 18,80
Band 2: Quantenfeldtheorie. VI, 178 Seiten. DM 19,80

Kamke/Krämer: **Physikalische Grundlagen der Maßeinheiten**
Mit einem Anhang über Fehlerrechnung. 218 Seiten. DM 19,80

Kneubühl: **Repetitorium der Physik**
XVI, 632 Seiten. DM 29,—

Lautz: **Elektromagnetische Felder**
2. Aufl. 184 Seiten. DM 25,80

Lohrmann: **Hochenergiephysik**
196 Seiten. DM 26,80

Mayer-Kuckuk: **Atomphysik**
Eine Einführung. 233 Seiten. DM 26,80

Mayer-Kuckuk: **Physik der Atomkerne**
Eine Einführung. 2. Aufl. 288 Seiten. DM 25,80

Rohe: **Elektronik für Physiker**
Eine Einführung in analoge Grundschaltungen. 247 Seiten. DM 22,80

Walcher: **Praktikum der Physik**
4. Aufl. 408 Seiten. DM 26,80

Wiesemann: **Einführung in die Gaselektronik**
Grundlagen der Elektrizitätsleitung in Gasen
282 Seiten. DM 25,80

Fortsetzung auf der 3. Umschlagseite

# Teubner Studienbücher Fortsetzung

## Mechanik

Becker: **Technische Strömungslehre**
Eine Einführung in die Grundlagen und technischen Anwendungen
der Strömungsmechanik. 4. Aufl. 152 Seiten. DM 16,80

Becker/Bürger: **Kontinuumsmechanik**
Eine Einführung in die Grundlagen und einfache Anwendungen
228 Seiten. DM 29,— (LAMM)

Becker/Piltz: **Übungen zur Technischen Strömungslehre**
2. Aufl. 136 Seiten. DM 15,80

Hahn: **Bruchmechanik**
Einführung in die theoretischen Grundlagen. 221 Seiten. DM 34,— (LAMM)

Magnus: **Schwingungen**
Eine Einführung in die theoretische Behandlung von Schwingungs-
problemen. 3. Aufl. 251 Seiten. DM 25,80 (LAMM)

Magnus/Müller: **Grundlagen der Technischen Mechanik**
2. Aufl. 300 Seiten. DM 26,80 (LAMM)

Müller/Magnus: **Übungen zur Technischen Mechanik**
292 Seiten. DM 26,80 (LAMM)

Wieghardt: **Theoretische Strömungslehre**
Eine Einführung. 2. Aufl. 237 Seiten. DM 26,80 (LAMM)

Preisänderungen vorbehalten